21天
优雅养成记
魅力女性的
7项修炼

纪亚飞形象礼仪工作室◎著

ERSHIYITIAN YOUYA
YANGCHENGJI

MEILI NÜXING DE
QIXIANG XIULIAN

中国工人出版社

图书在版编目（CIP）数据
21天优雅养成记：魅力女性的7项修炼／纪亚飞形象礼仪工作室著.
—北京：中国工人出版社，2021.8
ISBN 978-7-5008-6622-0
Ⅰ.①2… Ⅱ.①纪… Ⅲ.①女性－修养－通俗读物 Ⅳ.①B825.5-49
中国版本图书馆CIP数据核字（2021）第143390号

21天优雅养成记：魅力女性的7项修炼

出 版 人 王娇萍
责任编辑 李 丹
责任印制 栾征宇
出版发行 中国工人出版社
地 址 北京市东城区鼓楼外大街45号 邮编：100120
网 址 http://www.wp-china.com
电 话 （010）62005043（总编室）
（010）62005039（印制管理中心）
（010）82027810（职工教育分社）
发行热线 （010）62005996 82029051
经 销 各地书店
印 刷 北京市密东印刷有限公司
开 本 880毫米×1230毫米 1/32
印 张 7.75
字 数 171千字
版 次 2021年8月第1版 2024年2月第5次印刷
定 价 45.00元

前　言
人在旅途

这不是一本符合常规的礼仪工具书，因为我想如果它只是冰冷的工具，那不是绝对的优雅，只会沦为一场关于“优雅”的表演。这本书之所以有温度、有厚度，正是因为人在旅途。

从出生开始，我们就踏上了一场旅行，不能回头，不能停止。无论是让自己的人生更加辽远丰沛，还是只逡巡在小小的圈子里，都是每个人的选择，无关对错。但我相信，走多远，目光就有多长；登多高，视野就有多大。

这是一本关于“优雅”的书，但我希望你能从中读出人生的历练、选择、美好和执着。

我一直行走着。看阳光在手背青色的血管上突突跳动，听微风拂动树叶沙沙作响；看秃鹫嚎叫着俯冲下来再振翅而上，听步履蹒跚的藏族老人粗重的喘息声在林间迂回；看大朵大朵的云彩将蓝天分割得恰到好处，听鸟儿们的歌声将生活的节奏打得无比美妙……

一直走，才能始终保持嗅觉、味觉和其他感官的敏感度。旅途中丰盈的感受成为都市里一面发光的镜子、一缕清冽的微风、一杯甘凉的白水、一片广袤的绿色，时时抚慰着心灵，将褶皱抹平，并予以滋润，生活就在甘醇、平实、丰盈、优雅养分的补充中不断延伸。

一、甘醇

在雅安碧峰峡爬山，湿漉漉的地面令我脚底一再打滑，一只手臂适时伸来，我得以稳当地行走在山间。那一天成为我人生中极为重要的一段记忆，即使回到繁忙而紧张的都市生活中，我也时常想起与我并行的挑夫那只粗壮的手臂给予我在雨天湿滑路面的帮助和支持，不断地为我补充心灵力量，坚韧地迎着刺眼的阳光在都市中锤炼这一双脚板。

在西藏拉萨的公园里，我打着伞挡去头顶的阳光，将四肢尽量伸展，偶尔自伞内探出头，绚丽的阳光便猝不及防地袭来。这里的阳光与人如此贴近，镶嵌在蓝天上的白云并非遥不可及，似乎伸手便可触摸，内心因此不断涌出的温暖感觉将我在冰冷中蜷缩的灵魂抚慰至舒展。我把一袋速溶咖啡倒进水壶，放在阳光下晒着，不用多时，一壶滚烫的咖啡就被我拿在了手里。我大口大口地喝着，因为在拉萨用水壶品味咖啡，浅饮或慢啜都不行，此刻的甘醇必须与宽广的胸怀相佐。

在广西骑车至山里，提两斤在集市上购买的猪肉，推门进入山民的家，我们就操着各自难懂的语言愉快地吃一顿猪肉炖板栗的午饭。临走时，女主人搓着双手说：“给你带点什么吧，给你带点什么吧……”我的眼泪瞬时湿了面颊，只因原本素昧平生，此后也再难相见。在很长一段时间内，我总是忍不住想起女主人那一双粗糙的双手和为难的神情。误打误撞的叨扰使我再也找不到那一条不能称为路的山路，但它却永远地刻在了我的心里，时刻鞭策着我，修正做人的方向，用朴实的情怀走好人生路。

傍晚的阳朔西街，推车的摊贩挤在街口，茉莉花、桂花、无花果的香味弥漫在整条街上，由不得你不驻足。我就住在街口的客栈，坐在台阶上，只为收藏那大簇大簇的芬芳。看游客与商贩讨价还价，看车水马龙、人潮汹涌，看肤色各异的旅人觥筹交错，看桂林米粉与意大利炒粉毗邻而居……升腾在整条街上的是真实的、热闹的烟火气，是不设防的、惬意的心灵。

坐在云南香格里拉的小吃店火炉旁，酥油茶和水焖粑粑被放在炉面上，氤氲的热气使小店格外温暖。老板娘递过来自家炒的辣椒，我接过来就着水焖粑粑吃得津津有味，老板娘双手对插进袖管，与我相对无言，但暖流一直在屋内流淌。吃完东西，我嗫嚅着问店里的藏族小妹可否合影，她们欣然同意，收起手里缠绕的线团，站在我的两侧，笑得比我还灿烂。

我慵懒地坐在云南丽江的拉什海，就像一朵肆意绽放的野花那般随性舒展。远处的纳西族村民正在低头抽烟，我迅速摆好姿势时，夕阳却以极快的速度隐匿，连一张照片也没拍下来，它就溜走了。牦牛毫不惧怕地与我相对而立，只是它在水里，我在岸边。没有风，也没有一丝声音，寂静得令人心生恍惚。突然，不远处的草地上马匹在“嘚嘚嘚”地走动着，那声音就像烟花盛放般华丽而隆重。

二、平实

其实，行走不一定非要看绝色的风景，也不一定非要具有深刻的意义，只要能够把心静下来，感受一下平实便很好。如果非得留下一些照片和文字作为证据，行走就再无乐趣。

下山时，衣襟带过一株小草；抬头时，一泓湛蓝的水天一色；转身时，一片姹紫嫣红的山花；时不时，一只鸟儿自头顶翩然飞过；离开时，扬起手臂与山顶的人群呼应……这些点滴，心和脑自会记得，就像我们出门前一定会记得收拾行装。

白天，伴着鲜艳的花朵、陌生的人群、清冽的啤酒、浓醇的咖啡，用不同的语言有一搭没一搭地聊天，就一个不相干的问题争得面红耳赤……夜晚，就用来酣睡。撕去层层顾虑，旅途中的人最为真实。

旅人一贯的AA制让用餐如此愉快，结账时，不用低头系鞋带，也不用忘记钱放在哪个兜里怎么也掏不出来，更不用说自己身上只有百元大钞，总之不用蹩脚地表演。旅人的帮助不需要回报，成就了最纯粹的关怀、最素净的友爱。旅人的告别没有假惺惺的眼泪作为点缀，清楚地知道再见不知何年，挥手便能干净利落、轻轻松松。

有时，我们正是需要这样的行走——没有压力，轻装上阵，我们需要清冽的风吹醒我们混沌的脸庞。

无论是水边，还是峰顶，只要愿意，就可将目光停留在任何一个地方。旅途让我们的步伐更加舒展、视野更加旷达，给予我们信心、勇气和灵感，从而能够一次又一次地在都市中站稳脚跟、踏实前行。

人生就是旅途。此刻你捧起书，就让自己踏入了一段不经意遇见的旅途中。只有经历了许许多多旅途中平实的风景，脚步才会更为扎实有力。

三、丰盈

人在旅途，才能深刻地感受到还有纯粹的友情，才能清晰地知道生活中不都是猜忌和提防。我说，生活是艰难的。他说，生活是美好的，因为丰富而美好。我说，人心都是叵测的。他说，其实，也有真诚，错误的人和事都像灰尘一样，掸一掸就掉了，真诚的人和感动的事却像母亲怀中的婴儿那样珍贵和可爱，记得这些就够了。我将面前的酒一饮而尽，只为谢谢对我说出这些话的陌生人。

这本书不是我独自完成的作品，它比你想象得更加丰盈，拥有着一个团队的智慧与心血。我们相识最少的也有三年，最长的有十年之久，我们彼此信赖，在不同的城市（北京、上海、合肥、厦门、兰州、西安、南京、青岛、唐山）中共同写一本书，就是想让你知道，只要投入真诚，什么时候都会有温暖的友情，人生会经历误解、背叛和离别，但我们仍可以温暖自己，让自己变得强大，因为我们要做精彩的女人。

所以，请允许我介绍我们为这本书组成的极富优雅力量的团队：纪亚飞（01—04、06、10、20）、程晓芳（05）、张燕（07、09）、张晶（08、21）、张晓玉（11、12）、陈彦希（13）、殷贝莉（14）、刘奕敏（15）、吴丽娜（16）、张羲源（17）、文琦（18）、薛立芹（19）。

太阳公平地将光芒洒在贫穷或富有的土地上，不管光芒之下笼罩的是歹毒、刻薄，还是善良、宽容。这一端的风光和那一边的景色如果有所不同，那只是因为视角不同。我看到，在善良、宽容的视角中，光线格外炽烈。心若没有怨怼，一路走来，都是美景。

我们的双脚需要沾上泥、染上尘，方才踏实；我们的双腿需要走过桥、越过山，才会坚韧。

我们需要手脚并用地攀爬去感受艰难，也需要在树荫下喝口水歇息一下，回头凝望来时的路，寻找将去的方向。

我们的心需要接受别人的帮助、关怀，才能懂得守恒定律——得到就要付出。我们的灵魂总是在被真情打动后，才懂得自省和思考，然后清醒地走向远方。

感谢旅途中那些金子般的心灵和永不重复的景色，让我懂得珍惜或对或错或错过的一些人和事。只有先走过一长串黑暗的甬道，才能抵达看得见阳光的远处。

四、优雅

优雅的女人有着明亮的目光，如同夜空中闪闪发亮的星辰。这样的目光源于内心的自省。人生需要时时回望，走得不匆促、不急迫，目光才会有淡定而坚定的味道。当然，明亮的目光也可以通过训练来获得，有些技巧可以让优雅更加有力量。

优雅的女人有着温暖的微笑，如同春天里照耀大地的阳光。不是生活让我多么欢喜，而是我愿意选择欢喜的生活。牵动嘴角上扬，让微笑在平凡的日子里发生化学反应。

优雅的女人有着良好的仪态，如同雪地中傲然挺立的梅花树。挺拔的不只是身姿，还有不放弃、不绝望的坚定内心。如果可以始终进退有度、得体大方，那你的仪态一定是最具说服力的语言。

优雅的女人选择简单的生活，只留下必需的物品，或许就能将生活中的尘埃一并拂去，重获饱满的心态。

我希望你是一个会穿衣的女人，不是在家里打造庞大的衣帽间，而是智慧地选择适合自己的色彩、款式，并且将它们完美搭配。这既需要技巧，更需要眼光。

我希望你是一个会说话的女人，不是能够说得多，而是能够说得让人愿意听。当然，比说还珍贵的是听。能说、会说固然重要，但倾听的力量才是巨大的。

我希望你是一个懂礼仪的女人，在不同场合都能体现自己良好的修养。一个能够在不同场合都自如运用礼仪知识的女人，才是优雅、有魅力的。

优雅的女人，内外兼修。现在，让我们一起走进一个更加美好的世界，让内心饱满，让外表得体。

目 录

C O N T E N T S

C O N T E N T S

C O N T E N T S

C O N T E N T S

C O N T E N T S

C O N T E N T S

C O N T E N T S

Part 1

表情修炼：微微一笑很倾城

01 用表情雕琢美好

冬日的午后，阳光流泻，无比珍贵地洒在我的肩膀上，悦动欢快，仿佛一只小鸟。

微笑也像冬日的阳光一般，能为生活增加妙趣，甚至让人充满期待。我们喜欢那些有着阳光般微笑的人，因为看到便觉得温暖。

然而，在如今这个冰冷如水泥森林的城市空间中，给予或获得微笑却如此艰难：坐在咖啡店里，本该是悠闲慵懒的时光，周边的人却几乎都有着快速敲打键盘的手指、没空抬起的眼帘，以及麻木没有表情的面孔。

人们已不会轻易展颜，总是带着戒备和辛劳。究竟从什么时候开始，微笑变得千金难买了？

其实，你经常做的表情终将雕刻成你的面孔，只有微笑才能雕琢出你的美丽。再先进的医学技术也弥补不了暗淡无光的面孔、由内而外生了锈的表情。

没有笑容，所有面部线条都是向下的。由于地心引力的作用，皮肤会随着年龄的增长而下垂，如果再加上经常愁眉苦脸，面孔势必失去鲜活的色彩。

很多人都说过，毕业多年后看到当年公认的校花，往往会惊讶于她的美丽不再。其实，这就是相由心生，一个不会笑的人的脸部线条是僵硬、下垂的，其生活也是灰色调的。或许五官不曾发生大的改变，但只是神采消失就足以侵蚀美丽的面孔。

候机楼里、地铁站中、拥挤的人行道上……到处突立着麻木的面孔，光鲜的衣着和冷漠的神情形成烈日与暴雨般强烈的对比。

有时，生活是沉重的，但如果仰起脸微笑面对，是不是会轻松一点呢?

没有什么是比笑容更动人的礼物，所以我始终微笑着面对上课的学员。也许我并不能给予他们什么，可我希望能用微笑在一瞬间扫去他们生活中的阴霾，哪怕只是一小会儿。

| 微笑是一种生活态度 |

微笑不仅是一种表情，而且是一种达观的生活态度。若非内心洒满阳光，想必生硬挤出的笑容也只会充满谎言的味道。

微笑需要发自内心，一个真诚的微笑会牵动眉眼、唇齿和面部肌肉，并经由表情、语气和动作散发出来，容不得虚假和伪装。

某些职业性微笑有着完美的嘴唇上翘角度，配上的却是冷漠的眼神，让人感觉有距离感。因为这种微笑是机械化的操作，没有以诚恳的心为基础，笑得再美也是徒劳，只是一个空洞的表情罢了。

因此，不必考虑是否笑得恰到好处，相比精确刻度般的微笑，洋溢在嘴角、眉梢的笑意更加温暖有力、直达人心。真正的微笑是与心情契合的，要拥有阳光般的微笑，首先需要以一颗善良、豁达、懂得感恩的心为基础。

面孔是内心最直接的外显反馈。有和声，方有悦色；有悦色，方有婉容。一个有婉容的人一定有愉悦的表情，面部线条才能流畅；一个有悦色的人一定是开朗、豁达、乐观的人，脸上才会总是带笑，并且一定拥有和声，既能充分表达自己的观点，又能让听者舒服，不凌厉、不急促、不咄咄逼人。

我们都很惧怕和那些终日愁眉苦脸的人相处，他们就像乌云密布的天空，焦虑了心情、消沉了生活，让我们倍感生活的艰辛与无奈。原本我们已经在这个快速变化的时代少了一点安全感，不知何时一个行业、一种职业就会被替代，不知何时一个领域、一个企业就会没落，如果再多一些负面能量来干扰，又如何能大步前行呢？

微笑是一种主动发出的信号，在广袤的环境中发射积极与美好，让你和其他人在一瞬间发生亲近的化学反应，产生吸引人的力量。

1991 年，美国北达科他州立大学的两位心理学家在很多个购物中心进行了微笑实验。一名研究人员对着随机挑选的人微笑，另一名研究人员则偷偷躲在小吃摊后观察人们的反应。经过数小时的微笑和观察，他们发现，大约有一半的人会回应一个微笑。也就是说，在不自觉的情况下，人们会主动模仿周围人的面部表情，并由此迅速感受到他人的内心感觉，从而有利于提高沟通的效果。

可见，情绪确实是会传染的，所以每个人都喜欢与乐观开朗的人做朋友。那么，你是这样的人吗？

2016 年 8 月，东京的天空蓝得果断，云朵白得干脆。这是不媚俗的蓝，清澈透明；这是纯净的白，无关沧桑。我来到了迪士尼乐园，为实现孩提时的梦想而欢喜。如果你愿意以一颗童真的心去看待事物，就真的走进了童话世界。

8 月的东京，气温很高，在露天的迪士尼乐园没走几步路就会汗流浃背。加上正值暑假，每个游乐项目前都排着长长的队伍，需要极度耐心且保持期许地等待，很多人开始焦躁、不耐烦。然而，我看见每个工作人员仍然保持微笑，恰如其分地抚慰着游人在爆表的气温下等候的焦躁，世界仿佛在一瞬间清凉起来。

有一个游乐项目需要乘坐小的厢式电梯上一层，才能乘坐游乐设施。我乘坐电梯上行时，注意到电梯门即将关闭时，工作人员在电梯外微笑着挥手送别游客，直到消失在我的视线前，他们都还保持着微笑，笑容中满是诚意、尊重和快乐。电梯门完全关闭后，我的眼前依然是他们灿烂的笑脸。那一刻，我的心被触动了。

这些工作人员大概每 5 分钟就会送别一批客人，做着枯燥的重复性工作，他们却能够每次都笑得用力且舒展。最可贵的是，微笑始终荡漾在每个工作人员的脸上，就连换班时也会把不敷衍的笑容送给同事。他们相视而笑的瞬间，时光如歌。

如今，“微笑服务”已经成了服务行业的标准，我们不难看到服务人员的笑容，但很多笑容总是透露出这是为了工作不得不笑的意味，缺乏打动人的力量。有时走到某个门店，我们会听到服务人员齐刷刷地喊“欢迎光临”，但我们完全没有想要回应的意愿，因为他们总是语气敷衍、表情僵硬，即使挤出了微笑，也是皮笑肉不笑。可见，只有真诚的微笑，才能打动自己、感染别人。

很多人错误地认为，微笑是为了取悦他人，其实，微笑是为了尊重自己，不辜负自己的生命，不敷衍自己的岁月。因为微笑最能改变的就是自己的心情，从而从容地过好每一寸光阴。

爱笑的人都是爱自己的人，懂得如何将平凡的时光过得有滋有味。不是因为要取悦他人或为了保住工作才微笑，而是因为深爱自己、热爱生活、珍爱生命，才会微笑着度过每一天，内心富足而美好。

| 微笑是一种强大的力量 |

微笑是一种强大的力量，可以传递出鼓励、信赖、支持、赞许、欣赏等多种积极情感，有时产生的影响效果甚至胜过那些华丽的语言。

一度很火的韩国视觉悬崖实验，就让人惊叹、感动于微笑的强大力量。视觉悬崖实验是由美国心理学家沃克和吉布森设计的，用来观察婴儿的深度知觉。韩国某电视节目再现了这个实验场景，并加上了“火海”效果，将妈妈们和宝宝们隔在视觉悬崖的两端，看宝宝们在妈妈们做出不同表情的情况下是否会有不同的表现。第一轮，妈妈们始终面无表情，宝宝们在悬崖边犹豫良久又爬了回去。第二轮，妈妈们一直保持微笑，宝宝们爬到悬崖边时稍有犹豫，但看到妈妈的笑脸，还是鼓起勇气爬了过去。

在视觉悬崖实验开始前，节目组还做了一个小实验，一开始让妈妈们和宝宝们在一起开心地玩耍，然后妈妈们突然收住笑容，面无表情地看着宝宝们，结果宝宝们不知所措，有的试图爬走，有的瞬间愣住，妈妈们继续保持面无表情三秒钟，宝宝们就都哭了。

妈妈们一句话都不说，只是面无表情地看着宝宝们，就能让宝宝们哭，但只要妈妈们保持微笑，就能让宝宝们克服恐惧越过悬崖，这，就是微笑的力量。

微笑是最有效的化妆品，是让女性变美最简单的方法。有的人姿色平平，可一旦粲然微笑，瞬间就能变得光彩照人，好似川剧中的变脸一样，五官立刻生动许多，虽然仍能看到眼角的鱼尾纹，但微笑让每条细微的褶皱都成为流淌着动人旋律的音符。相比较用昂贵的花费去护理肌肤，我更愿意用微笑培育美丽。因为它具有恒久的力量，那么鲜活，那么生动。

微笑还是信赖之源。真诚的微笑是态度诚恳的一种表现，能给人以亲切友好的感受，消除彼此的陌生感和局促感，化冷淡为火热，甚至能改变紧张关系，化干戈为玉帛。

我曾看过一则圣诞节购物广告，文案是这么说的：微笑在圣诞节的价值——它不破费什么，但带来了良多结果。它使接收它的人满意，却不会使给予它的人贫乏。它在霎时间产生，却给人留下永恒的记忆。没有人富得不需要它，也没有人穷得不拥有它。它为家庭创造了快乐，为商界带来了好感，并使友人间感到了亲切。它使疲劳者得到休息，使沮丧者看到光明，给悲伤的人带来希望。然而，它无处可买，无处可求，无处可偷，因为在你给予别人之前，它没有实用价值。如果在圣诞节最后一分钟的匆忙购物中，我们的店员累得无法给予你一个微笑时，我们能请你留下一个微笑吗？因为不能给予别人微笑的人，最需要别人的微笑。

如果看到一个孩子冲我们摇着小手展露出纯洁的微笑，我们一定会报以灿烂的笑容，并用温柔的语气逗弄孩子。然而，我们对成人的微笑却是戒备的，揣测熟人的笑容是否有弦外之音，警惕陌生人的笑容是否别有用心，因此几乎没有什么心情和时间去微笑。

这个世界上最值得咀嚼的是快乐，最不值得留恋的是忧伤。没有人的每一天都是精彩的，但我们有责任让自己快乐。千万别让快节奏和重压力剥夺了你微笑的权利，绽放微笑才能给自己力量，营造良好的工作和生活氛围。

纪亚飞魅力心语

（1）你最经常做的表情终将雕刻成你的面孔，只有微笑才能雕琢出你的美丽。

（2）微笑不仅是一种表情，而且是一种达观的生活态度。

（3）生活是沉重的，但如果仰起脸微笑面对，就会轻松一点。

（4）微笑是一种主动发出的信号，在广袤的环境中发射积极与美好，让你和其他人在一瞬间发生亲近的化学反应，产生吸引人的力量。

魅力修炼第 1 天：拥有微笑

美国心理学家威廉·詹姆斯说：“如果你不开心，那么能让你变得开心的一个很好的办法就是，开心地坐直身体，并装作很开心的样子说话及行动。”只有身体散发出快乐，心理才能避免陷入忧郁。

第一步：早上起床睁开眼睛后微笑，给自己和身边人一个美好的清晨问候。无论这一天是不是天气恶劣，是不是要马上冲进厨房做早餐，是不是要完成很多工作任务，都请确保醒来后的第一个表情是舒心的微笑。

第二步：洗漱时，看着镜子里的自己，轻轻向上提拉面部线条，眉毛上扬，眼中含笑。把所有的不开心通通丢给昨天，让今天的自己重新归零、重装出发。

第三步：出门前，对着穿衣镜中的自己微笑，愉快地说一句：“美好的一天开始啦！”这不只是简单的动作和话语，而是为一天的工作和生活打下良好的情绪基调。

自我修炼计划表

魅力修炼：拥有微笑	完成情况	修炼感悟
起床后的微笑		
洗漱时的微笑		
穿衣镜前的微笑		
给今天的自己一句正能量的话：		

02 微微一笑六步修炼

我和同事出差，在办理乘机手续时，她说："把身份证给我，我来办理。"我把身份证给她，她习惯性地低头看了一眼，突然毫不淡定地大声说道："你的照片怎么可以这么好看！和本人相差无几，不对，相对于你现在的年龄还更显年轻！为什么我的就像被告人照片一样丑？"

其实，我和同事的身份证照片不同的只是表情。事实上，身份证照片上的我是生活中最普通的素颜模样。之所以让人惊呼好看，仅仅是因为我做出了微笑的表情。是的，我只是嘴角上扬，眼中含笑。如果你见惯了身份证上僵硬的表情、无神的目光，那么的确会觉得我的身份证照片很漂亮。

我的同事不依不饶，很认真地问我："拍身份证时那么匆忙，你怎么还能笑得出来？"我说："我没有刻意去笑，我平时就是一直微笑呢！"

微笑确实不是我刻意而为，而是已经成为我的习惯性和常态化表情。无论遇到谁，无论在什么情况下，我都可以保持淡淡的微笑，不会紧张到表情变形。

那么，有些人拍身份证照片，为什么会表情僵硬呢？这是因为微笑不是他们的习惯。每次拍照都需要喊“茄子”“田七”“钱”，才能将嘴角上扬。拍身份证照片时，没人喊口号，没人逗笑，于是表情就僵硬了。

其实，让微笑成为习惯性和常态化表情，是可以通过训练达成的。

| 第一步：打开心情 |

在广西阳朔旅游时，我拿了一张手绘地图，在西街上租了一辆自行车，并请了村民做导游，走了一些迷宫一般的小路，让视线在繁华尽处豁然开朗，一株小草、一条小溪、一叶竹筏都让我感动不已。

我的导游是一位四十多岁的村民，决定请她是因为她掏出一个小本子，用带着阳朔当地口音的普通话认真地告诉我，她会讲英文。那一刻，看着她手中皱巴巴的小本子，我有些感动，因为她是那样尊重自己的工作。

一路上，汽车从我身边不断地呼啸而过，而我的导游小心翼翼地骑在我的右侧，并不停地调整帽檐，以躲避阳光的照射。我笑了，有点搞不清到底谁是导游，谁是游客。遇到骑车的外国人时，她会猛蹬几下追上去，大声喊道：“Are you happy? ”过了一会儿，她扭头告诉我，他们从“日落扑”（Europe）来，而我是反复揣度她的发音才明白过来的。

我们坐竹筏顺流而下，河岸上的竹林安静而从容，我的导游告诉我这就是“斑布抱它快阿它”（bamboo boat quiet）。竹筏向下游漂流时，船夫也撑竿助力，漂流速度陡然加快，让我有了一种眩晕的感觉，飘飘然，很美妙。我还没来得及发出任何感慨，我的导游已经拍着手、脚捣地，愉快地说：“太好玩了！”我侧脸看着她纯真的笑容，发现她比我更享受。

我去月亮山洗泥巴浴时，我的导游抱着我的衣物坐在外面等我。由于乐而忘返，过了三个小时，我才出来，而她依然乖乖地坐在门口，抱着我的衣物。看到我时，她的眼里全是欢喜，一个劲儿地问我：“好玩吗？”没有半点等待太久的烦躁。

分别时，我说：“咱俩照张相吧！”我的导游高兴地整理头发、衣服，显得特别郑重和真诚。在黄昏中，她咧开嘴灿烂地笑，我也把嘴咧得和她一样大。

其实，我的导游的生活并不富足，甚至可以说是艰辛。她每天骑着自行车穿梭在她自小生长的村落，可是她仍能每一天都用一份崭新的心情带着游客到处骑行，对那些熟悉的景色仍能产生初见般的欣喜。

生活就是需要这样度过，即使没有富足的物质，也可以把每一天都过得丰盈、自由和快乐。

王阳明曾说：“此心光明，亦复何言。”“吾心自有光明月，千古团圆永无缺。”心若是光明的，还怕世界不明媚吗？

有一种丰盛，源自内心。微笑，不只是一个表情，分明就是灿烂绽放的生命姿态。从此刻开始，打开心情，开启微笑魅力的第一步吧！

| 第二步：活动笑肌 |

有一次，我在培训开课之前，想要和学员说一下课堂纪律，结果由于清晨没有活动过口腔和嘴唇，出了洋相——“纪律”两个字被我说得生硬又别扭，惹得学员阵阵发笑。

我们经常在清晨起床后发音吐字不那么清晰、笑得不够自然，不是因为不会，而是因为面部肌肉僵硬和紧张。因此，每天清晨活动一下笑肌是非常必要的，就如同体育运动前要做热身运动，能够唤醒面部肌肉，让它轻松活跃起来。

首先，鼓腮，让气体充满口腔并左右滚动，活动面部皮肤和咀嚼肌。做两个八拍。可以用手在腿上击打节奏“1、2、3、4、5、6、7、8，2、2、3、4、5、6、7、8”。

其次，用双手轻拍脸颊，加速血液循环，紧实面部皮肤，放松面部肌肉，慢慢找到微笑的感觉。

最后，将四指握拢放在下巴，拇指在下，手背朝上，用指关节到指根的部分贴紧下巴皮肤，向上提拉至耳际。做 36 次，让脸颊微微发热即可。注意不要用力摩擦皮肤。

| 第三步：动口朗读 |

（1）口腔运动。

每天清晨，首先将嘴唇合拢绷紧，然后用力猛地张开嘴，就像做飞吻，但张嘴时一定要非常有爆发力，最后用标准的发音读 3 遍以下 13 个英文字母：“I L O V E M Y F A M I L Y”。

注意，不是快速地读英文句子，而是清晰地读出这 13 个英文字母。这 13 个英文字母的发音可以有效活动面部肌肉，经常练习可以避免脸颊肌肤松弛下垂，紧致提升面部线条，重塑清晰的面部轮廓。

（2）朗读短文。

朗读以下短文，通过精准发音，可以让嘴角和面部肌肉线条自然上扬。当然，最重要的是，当你每天清晨微笑着朗读这段短文，就能给自己一个美好的心理暗示，开启一整天的美丽心情。

从前，我是一个爱笑的女孩。

记得那时，我最喜欢荡秋千,一波一波向上荡漾，一起飞翔的还有我快乐的童年。

我总是仰望天空，渴望飞翔。想像一只小鸟自由自在，让湛蓝的天空成为我的世界。

我喜欢微笑，不是因为我有多么幸福，而是笑着笑着，人生就幸福了。

我愿意微笑，不是谁让我必须笑，而是开心地过好每一天，是我的责任，也是我的能力。

我一定要微笑，因为我最经常做的表情终将雕刻成我的面孔。相比光洁冰冷的肌肤，我更爱我常常因微笑而上扬的脸部线条。

绽放微笑，我便能看得到更多灿烂的笑容，感受得到辽远天际阳光洒下的温暖。

| 第四步：手指微笑 |

每次开展礼仪课程培训，我都有一个非常重要的任务——和学员合影。很多次，我都像雕像一样站着，旁边的人一个接一个，甚至有时整个课间休息期间我都在拍照，单人合影、双人合影、集体合影，拍上几十张照片。每次合影结束，学员们都会感慨："为什么老师拍得那么好看，笑容那么灿烂，我怎么笑得这么难看啊！"每次我都会说："微笑是可以训练的，你也可以和我一样练习微笑，直到变成习惯。"然后，我就会给他们推荐神奇的"手指微笑训练法"，这也是我推荐给很多不善于微笑的人一个最为简单有效的方法。

"手指微笑训练法"是以手指的动作带动大脑对微笑的控制。每天坚持训练，可以增强对笑肌的控制，让微笑成为面部肌肉的习惯性动作。

微笑绽放训练

第一个八拍的练习方法：

举起两根食指，保持一拳左右的间距。分别握拢两只手的其余四根手指，并放在下巴下方 20 厘米处。

跟随节拍“1、2、3、4、5”，将两根食指向两侧打开，每一次的打开幅度都要略大于上一次，当数到节拍“5”的时候，两根食指的间距不超过肩宽。数到节拍“6、7、8”的时候，保持节拍“5”的手势距离。

做手势的同时，面部要一点点绽放微笑，首先是一度微笑，然后是二度微笑、三度微笑、四度微笑，最后是五度微笑。笑容绽放的速度要与两根食指打开的速度和节拍相吻合。五度微笑是最灿烂的表情，数到节拍“6、7、8”的时候，保持五度微笑。

2　2　3　4　5　6　7　8

第二个八拍的练习方法：

在第一个八拍的基础上，跟随节拍“2、2、3、4、5”，将两根食指向中间合拢，每一次的合拢幅度都要略小于上一次，当数到节拍“5”的时候，两根食指的间距不小于一拳。数到节拍“6、7、8”的时候，保持节拍“5”的手势距离。

做手势的同时，面部要一点点收拢微笑，首先是五度微笑，然后是四度微笑、三度微笑、二度微笑，最后是一度微笑。笑容收拢的速度要与两根食指合拢的速度和节拍相吻合。一度微笑是最温和的表情，数到节拍“6、7、8”的时候，保持一度微笑。

坚持做“手指微笑训练”，可以有针对性地锻炼嘴部肌肉，使嘴唇周围的皮肤紧实有生机，线条流畅防下垂。

|第五步：眼中含笑|

对微笑进行手指控制训练之后，需要对微笑进行情感训练。

单纯的微笑肌肉训练是远远不够的，那样机械的表情如同蹩脚的谎言一戳即破，只有融入情感，才能打动人心。

第一种方法：

（1）站到一面镜子前，将嘴唇向外聚拢呈圆形，像发“噢”的口型。

（2）对镜子中的自己慢慢绽开微笑 5 秒，聚拢嘴唇 5 秒，再绽开微笑 5 秒。

这是练习眼中含笑最好的方式，有空的时候可以多加练习，能够给自己带来好心情。

第二种方法：

（1）准备一支干净的筷子。

（2）面对镜子，用上门牙和下齿咬住筷子，将嘴角上扬至高过筷子的位置，寻找真诚微笑的感觉。

（3）眼神温柔地注视着自己，保持微笑 10 秒，然后将筷子拿下来。

（4）做张大嘴的动作，使嘴周围的肌肉得到最大程度的舒展，保持 2 秒。

（5）慢慢聚拢嘴唇，呈最小的圆形。

一个爱自己的人才有能力快乐地生活，并给予别人温柔与善良。这个练习最重要的意义是学会爱自己，从眼神开始温柔，从微笑开始快乐。

| 第六步：笑着说话 |

笑着说话，是一件看似容易却极其艰难的事情。

我在儿童礼仪讲师班上课时，送给学员一个礼物“礼仪好习惯养成卡”，并说：“在这张卡片上写一件你希望自己做到的事情，目标越具体，就越有意义，然后坚持打卡 21 天。”

有一位学员写的目标让我眼眶瞬间湿润，她想要养成的好习惯是“每次和女儿讲话先微笑”。有那么一秒钟，我是诧异的。我以为想要做儿童礼仪讲师的妈妈一定特别爱自己的孩子，特别爱孩子又怎么会不笑呢？课间我与这位学员沟通，她说自己从小就很少笑，所以也很少对女儿笑，导致女儿有点害怕她，但是她非常爱女儿，于是想要改变自己，变得多笑一些。

其实，我们能够给予孩子最丰沛的滋养并非昂贵的玩具，而是带着爱的微笑。这，比什么都珍贵。

我每次和儿子讲话一定会面带微笑，而且只要我在家，每次他放学回到家，我都会笑着鼓掌，热烈欢迎他。他对我的微笑是依恋的，有时我的微笑胜过一切礼物和奖品。只要能看到我的微笑，他就开心得无与伦比。微笑的作用是不是很神奇？

从今天开始，从现在开始，只要你和别人说话，要记得先绽放微笑，再用语言沟通，你会发现沟通的效果特别好，而且你和对方都会很开心。

在广西阳朔旅游时，我在一个著名的旅游景点买矿泉水。

“多少钱？”我问。

“一元五角。”店主唯恐我听不懂他带着阳朔当地口音的普通话，一字一顿地说。

“啊？这么便宜！在旅游景点为什么不卖得贵一点？”我惊奇地问。

“这样就够了。”店主淡淡地说。

看着店主手指间燃烧着的劣质香烟，看着店主穿着破旧衣衫的儿子靠在门框上啃甘蔗，看着店主父子俩脸上平淡的表情，我知道，他们是快乐且满足的，因为他们的愿望简单纯粹，享受命运给予的一切，不设定遥不可及的目标，认真踏实地生活和工作着。

其实，我们想要从容自在的生活，不需要树立多么宏大的目标，只需让嘴角爱上上扬的感觉，让心里洒满阳光，让自己爱上微笑。

纪亚飞魅力心语

（1）生活就是需要这样度过，即使没有富足的物质，也可以把每一天都过得丰盈、自由和快乐。

（2）王阳明曾说：“此心光明，亦复何言。”“吾心自有光明月，千古团圆永无缺。”心若是光明的，还怕世界不明媚吗？

（3）有一种丰盛，源自内心。微笑，不只是一个表情，分明就是灿烂绽放的生命姿态。

（4）想要从容自在的生活，只需让嘴角爱上上扬的感觉，让心里洒满阳光，让自己爱上微笑。

魅力修炼第 2 天：最美微笑

8 个八拍的微笑操训练

第一个八拍的练习方法：

鼓腮，活动面部皮肤与咀嚼肌，让气体充满口腔并左右滚动，保持一个八拍“1、2、3、4、5、6、7、8”。

第二个八拍的练习方法：

鼓腮，活动面部皮肤与咀嚼肌，让气体充满口腔并左右滚动。保持一个八拍“2、2、3、4、5、6、7、8”。

第三个八拍的练习方法：

数到节拍“3、2、3、4”时，做一次嘴唇绷紧再用力张开嘴的飞吻动作；数到节拍“5、6、7、8”时，再做一次飞吻动作。注意张嘴的力度要大，用突然爆发的力量让嘴唇肌肉得到充分的舒展。

第四个八拍的练习方法：

举起两根食指，保持一拳左右的间距。分别握拢两只手的其余四根手指，并放在下巴下方 20 厘米处。跟随节拍“4、2、3、4、5”，将两根食指向两侧打开，每一次的打开幅度都要略大于上一次，当数到节拍“5”的时候，两根食指的间距不超过肩宽。数到节拍“6、7、8”的时候，保持节拍“5”的手势距离。

做手势的同时，面部要一点点绽放微笑，首先是一度微笑，然后是二度微笑、三度微笑、四度微笑，最后是五度微笑。笑容绽放的速度要与两根食指打开的速度和节拍相吻合。数到节拍“6、7、8”的时候，保持五度微笑。

第五个八拍的练习方法：

数到节拍“5、2”的时候，将嘴唇聚拢呈圆形。

数到节拍“3、4”的时候，对着镜子中的自己微笑，眼神要温柔愉悦。

数到节拍“5、6”的时候，将嘴唇再次聚拢呈圆形。

数到节拍“7、8”的时候，对着镜子中的自己再次微笑，眼神保持温柔愉悦。

第六个八拍的练习方法：

数到节拍“6、2”的时候，将嘴唇聚拢呈圆形。

数到节拍“3、4”的时候，对着镜子中的自己微笑，眼神要温柔愉悦。

数到节拍“5、6”的时候，将嘴唇再次聚拢呈圆形。

数到节拍“7、8”的时候，对着镜子中的自己再次微笑，眼神保持温柔愉悦。

7　2　3　4　5　6　7　8

第七个八拍的练习方法：

将筷子放到口中，用上门牙和下齿咬住，嘴角要上扬至高于筷子的位置，同时保持眼神温柔愉悦，保持一个八拍“7、2、3、4、5、6、7、8”。

8　2　3　4　5　6　7　8

第八个八拍的练习方法：

将筷子放到口中，用上门牙和下齿咬住，嘴角要上扬至高于筷子的位置，同时保持眼神温柔愉悦，保持一个八拍“8、2、3、4、5、6、7、8”。

训练结束，对着镜子中的自己绽放一个灿烂的微笑当作奖励吧！

自我修炼计划表

魅力修炼：最美微笑	完成情况	修炼感悟
做微笑操		
微笑着说话		
给今天的自己一句正能量的话：		

03 灵动而柔和的眼神

在面部表情中，最生动、最多变、最富于表现力的无疑就是眼神。

英国政治家查斯特·菲尔德说："要想了解谈话对象真正的情感，你应该仔细观察他的面部表情，因为驾驭语言比控制面部表情容易多了。"

我曾去看齐豫的演唱会。我看得见她清澈的目光如甘凉的山泉，我听得到她洁净的歌声如煮水时未到"三沸"的温度，我闻得到她层叠的裙摆如清明前采下的龙井……那晚，我们共品一壶茶，她用浓稠的岁月将它烘焙得不老不嫩，用虔诚的心灵让它充满芳香，用不设防的胸怀使它余味悠远，用天籁般的歌声令它纯粹神圣，而我们沉醉其中。

一切都没有改变，烦琐的罗裙依旧，淡然的语气依旧，纷乱的长发依旧，对听众和音乐的诚挚亦依旧。她的声音有些沙哑，像是窖藏多年的老酒。她坦言，来之前有些感冒，但请放心，她会尽全力唱好。她着一身白裙，手执话筒坐在台阶上，沉浸在自己的歌声中，灵魂、身体与歌声同在。她的话语很少，没有插科打诨，也没有嬉闹调侃，只是用悠扬的歌声带领我们走向远方，在热烈的掌声之后说谢谢。她在每一首歌结束后都深深地鞠躬，而且一定是弯腰至 90 度并停留数十秒。

她认真地说，唱民谣要笑着。再唱民谣时，我也微笑着，声音果然好听。无论是曲名还是配器，都让我们不得不承认，她在音乐里有自己的疆域，不能篡改，亦无法模仿。百人合唱团与她的声音配合得天衣无缝，让人不由得屏息静气地专注聆听。双钢琴伴奏使三人成一线，唯有音乐在相通的心灵之间流淌。小提琴独奏像深谷中的幽兰，沁人心脾的芳香让人流连忘返。

这么多年来，她热爱并感恩生活，追求的仍然是纯净的音乐艺术，所以她的眼神灵动又温柔，依然能摄人心魄。

|“目中有人”是一种修养|

“目中有人”是一种尊重他人的基本修养和态度，它比语言有更为强大的影响力。若想用眼神打动他人，就需要注入心灵的契合。任何注视的技巧都抵不过诚恳的态度，只有内心善美，才能“目中有人”。

1995 年，我成为一名空姐。在旅客登机的时候，我会热情地问候：“您好，欢迎登机！”很多人看着我真诚友好的微笑，却宛如在看墙上的钟表，面无表情地将目光移开。有的人甚至对我关切的问候充耳不闻，连一个眼神都不肯给我。我的内心是难过的，我不奢望所有旅客都能回应我一句“你好”，但至少应该用有温度的眼神示意他们收到了我的问候。于是，我渐渐乏力，再问候时语气近乎机械化，没有多少感情浸润其中——既然无人在意和回应，我又何必做得那么诚恳认真呢！我的带飞导师说："中国人是很含蓄的，还不习惯热情问候，但你要坚持这么做，相信三五年后，旅客不但会回应你，甚至会首先问候你。"此后，无论发生什么情况，我都坚持真诚微笑、热情问候，果然逐渐得到了很多旅客同样真诚而热情的回应。

我曾看过一个故事，记者查尔斯和朋友散步，路过一个报亭时想要买一份报纸，把钱递过去后，老板却为了省事直接将报纸扔了过来。查尔斯在一堆报纸上捡起这份扔过来的报纸，温和认真地看着老板说了声谢谢。离开后，查尔斯的朋友问他："老板那么没有礼貌，你为什么还要真诚地对他说谢谢？"查尔斯说："如果我只能对彬彬有礼的人彬彬有礼，那么我也不算什么绅士。能够平等友善地对待所有人，才是绅士应有的修养。"

可见，要做到"目中有人"，必须从内心尊重对方，这样的眼神才是亲切友好的，否则眼神生硬麻木，反而会造成伤害。比如，一些服务人员为了敷衍工作，嘴上说"欢迎光临"，眼神却冷淡无礼，客人不但没有感受到欢迎之意，反倒会有受到冷落的感觉，又怎么会友好回应和进店消费呢？记住，一个热爱生活和工作的人的眼神才有生命力和吸引力。

与人交谈时，要稳住目光，千万不要上下打量或眼珠转来转去。上下打量意味着挑剔和审视，没有人希望自己被别人这样看，如果是男士上下打量女士，肯定会让人觉得他不怀好意，另有企图。眼珠转来转去，则会给人正在心里盘算坏主意的感觉，很难让人亲近和信赖。

《弟子规》云：“进必趋，退必迟。问起对，视勿移。”意思是，拜见长辈时要小步快走上前，告退时要放慢脚步；长辈问话时要站起来回答，并且回答时要看着长辈，不能东张西望、眼神游移，如此才能表现出对长辈的恭敬。

不得不承认，现代社会的快节奏生活让很多人连日常基本礼仪都无法做到，没有热情的招呼，没有耐心的聆听，没有真诚的眼神……更不用提发扬传统礼仪美德了。

每年我给很多企业做礼仪培训，都会看到很多人属于“低头族”，就连面对面聊天时都不用抬头，一边用手机刷着微信、微博，一边有一搭没一搭地说上几句话。一切都是那么随意，导致很多人的目光越来越不笃定，比生活还焦虑的是眼神。

在人际沟通中，眼神的运用最具有动人的力量，但要学会控制目光的范围、向度和情感。

在工作场合与人交谈，合适的注视范围是眼睛至前额，既不致直勾勾地盯着令对方紧张局促，也能够传达出专注、认真的交谈之意。如果交谈时间较长，则应把目光由眼睛至前额的上三角区域转移到整个面部，营造出轻松的谈话氛围。在一些社交场合，比如聚会、晚会、年会，目光应投向对方的眼睛至嘴部之间的区域。在向对方问候、致意、道别的时候，应面带微笑，用柔和的目光和稳定的视线注视对方的整个脸部。如果距离远于三米，那么应该注视对方的上半身。

任何时候都不要注视对方的头顶、胸部、腹部和下身（尤其是臀部），这是非常失礼的，因为这些都是比较私密的部位，注视那里可能会引起对方的反感，也可能让对方产生误解，以为除了工作以外，你们还可以有更亲密的交往，而这正是工作场合非常忌讳的事情，私人的事情和工作的事情应该严格分开，这才是职业化的工作态度。

一般来说，与对方目光接触的时间占与对方相处总时间的三分之一比较恰当，长时间凝视只适于爱人之间表达深情的爱恋，用在朋友、同事和客户身上就会引起歧义。同时，每次看向对方的时间不宜过长，可以随着交谈内容的不同而改变目光所及之处，不时用认真、专注的目光看向对方的手势或展示的资料，当对方的讲解、述说进入关键部分，可以用亲切、柔和的目光凝视对方的眼睛和眉毛区域。总之，目光要有适当的变化，呆滞迷茫、固定不动的目光只会让对方觉得紧张，甚至引起对方的反感。

目光是非常重要的体现尊重之情的方式。与人交谈时，如果目光游移不定，就会让人觉得心怀鬼胎；如果目光躲躲闪闪，就会让人怀疑说假话；如果目光从上往下看，就会让人觉得目空一切、高傲自大；如果目光从下往上看，就会让人觉得唯唯诺诺、优柔寡断。最好的方式是采用与人平视的目光，注视时保持视线的稳定，呈现落落大方的姿态，切忌直直地注视对方的眼睛或上下打量对方，会让人感觉不友善。

在目光礼仪中，不仅要注意目光的范围和向度，还要注重眼中的情感。眼睛是心灵的窗户，很多时候，让人看上去苍老的不是皱纹，而是没有神采和情感的眼睛。在人际交往中，冰冷的目光会像寒风一样刺痛对方的心，迷茫的目光会让对方觉得无法沟通，混沌的目光会让对方感受到负面能量……

需要注意的是，女性在商务场合和社交场合不能呈现出羞涩、挑逗、爱慕等具有私人情感和女性特有神态的目光，否则容易引起对方的误解。坦诚柔和、落落大方的目光是比较受欢迎的社交神态，也是每个职业女性应该学习并做到的表情管理。

| 灵动的眼神需要雕琢 |

你注意过吗？京剧演员的眼睛非常有神，从不空洞散漫，总是能够精准表达出情感。那么，京剧演员的眼睛都是天生如此明亮有神吗？当然不是。灵动的眼神也需要雕琢。通过眼神训练，你也可以拥有明亮的眼睛和灵动的眼神。

（1）定眼训练。

定眼训练可以让目光沉稳。

首先，找一张 A4 纸，在中间画一个直径约为 5 毫米的黑点；然后，在黑点的周围用灰色彩笔画上更小的点；最后，盯着黑点看，直到感觉所有灰点都已经消失。

此外，还可以练习将目光聚焦于某个物体，比如盯着花瓶上的花纹、放到眼前的一支笔或一根手指，至少要盯视 10 分钟。

（2）运目训练。

运目训练可以增强目光的灵动性，使集中发射出去的目光富有神韵。梅兰芳先生拥有明亮又有神的眼睛，他的训练方法之一是紧盯在空中飞翔的鸽子或者注视在水中游着的鱼儿。

首先，举起一根食指，握拢其余四指；然后，将食指移到与左耳对齐的左脸颊前方，眼神跟过去盯住食指，而后将食指移到与右耳对齐的右脸颊前方，眼神再次跟过去盯住食指；最后，将食指移到额头上方，眼神跟过去盯住食指，而后将食指移到下巴下方，眼神再次跟过去盯住食指。

运目训练共有 8 个八拍（如下图），转动的速度一开始可以慢一点，确保位置准确，之后就要加快速度。盯住食指时要聚焦于指尖，并保持炯炯有神的注视力度。

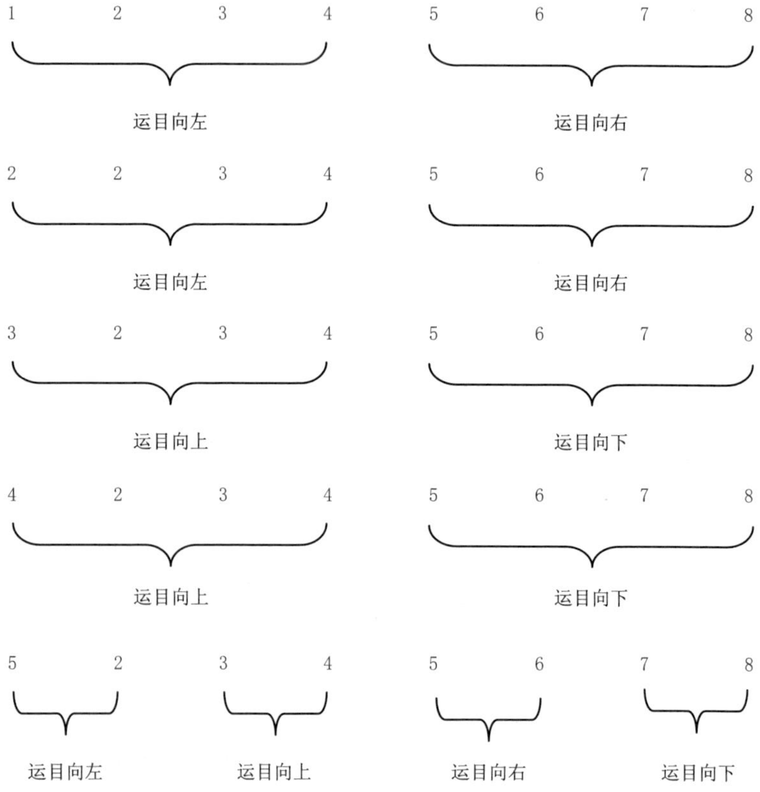

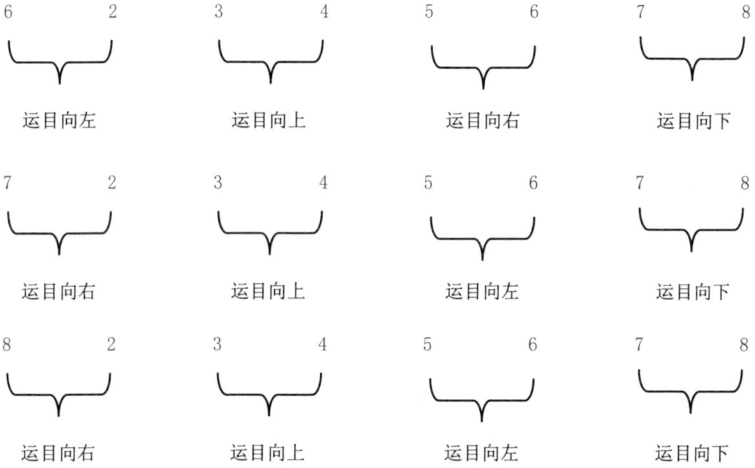

（3）神采训练。

神采是指眼神中的光彩，毫无疑问，最能打动人心的是会笑的眼神。

首先，拿一本书到镜前，挡住鼻梁以下的部位，只看自己的眼睛；然后，想一些美好、温馨、快乐的往事，随着内心涌起喜悦之情，让笑容一点点荡漾开来，这时的眼神就是最动人的；最后，放开手，放松面部表情，记住笑得最舒心那一瞬间的眼神，再次练习眼睛含笑，让它慢慢变成一种习惯。

纪亚飞魅力心语

（1）在面部表情中，最生动、最多变、最富于表现力的无疑就是眼神。

（2）“目中有人”是一种尊重他人的基本修养和态度，它比语言有更为强大的影响力。

（3）要做到“目中有人”，必须从内心尊重对方，这样的眼神才是亲切友好的，否则眼神生硬麻木，反而会造成伤害。

（4）眼睛是心灵的窗户，很多时候，让人看上去苍老的不是皱纹，而是没有神采和情感的眼睛。

魅力修炼第 3 天：眼神灵动

第一步：定眼训练。每天练习 10 分钟。

第二步：运目训练。每天完成 8 个八拍的手指训练动作。空闲时，还可以盯着钟摆，或用目光追踪空中的小鸟和鱼缸中的小鱼。

第三步：神采训练。每天练习 10 分钟。

自我修炼计划表

魅力修炼：眼神灵动	完成情况	修炼感悟
定眼训练		
运目训练		
神采训练		
给今天的自己一句正能量的话：		

Part 2

情商修炼：
流光溢彩更出色

04 让身边的人爱上你

丽江的大研古城里人群熙熙攘攘，我坐在小桥上，听风拂过布农铃，清脆的铃声就像步履不经意踏到的阳光，让心逐渐温暖和柔软。我背了许多铃铛回家，将它们串在一根麻线上，并在每个铃铛上串一个彩色塑料珠，最终做成门帘挂在书房。

有时，我在书房看书，打开窗子，风就会让铃铛门帘开始歌唱，旋律简单却难以琢磨，关键看风要怎样吹。我的心忽然溢满幸福，觉得能这样放松地看书，真是无比惬意。春风渐浓，铃铛的旋律也激奋起来。我窝在沙发里边看书边吃薯片，清脆的咀嚼声成为铃铛歌声的伴奏。

铃铛的声音有时干脆，有时沉闷，有时连贯，有时凌乱，正如生活的节奏。也许不可捉摸，也许无法掌握，也许甘甜，也许苦涩，但我们可以运用情商，像风一般让生活铃铛奏出自己想要的那一段旋律，也许不那么精准，也许不那么动听，但总会有一段舒心的乐曲。

|有“中”有“和”，方能持久|

《中庸》云：“喜怒哀乐之未发谓之中，发而皆中节谓之和。中也者，天下之大本也，和也者，天下之达道也。”“中”，即内心有喜怒哀乐却不表现出来，是稳定天下之本；“和”，即表现出喜怒哀乐却能有所节制，是为人处世之道。

简单来说，“中”就是能够保持平静、安宁、祥和的稳定状态；“和”就是能够将情绪控制在合理的范围内不致失控。有“中”有“和”，就是情商高的表现。

在现实生活中，受欢迎的人一定是情商高的人——说话客观，做事理智，状态自如。能够了解并管理好自己的情绪，是情商的关键指标之一。

我曾在培训课上与妈妈们分享情商魔法，其中一个环节就是填写“礼仪好习惯养成卡”，即选择一个希望自己养成的好习惯来打卡 21 天。当时，我在课堂上问妈妈们敢不敢让自己养成一个习惯：每天微笑着与孩子温和地沟通，绝对不会黑脸、暴躁、敷衍。很多妈妈思忖良久，依然不敢写下这个习惯。

“21 天习惯养成法则”出自《心理控制术：改变自我意象，改变你的人生》一书。该书的作者认为改变心理意象至少需要 21 天。比如，接受整形手术后，患者平均需要 21 天来习惯自己的新外貌；手臂或腿部截肢之后，幻肢感会存在 21 天左右；搬新家后要经过大概 21 天，住户才会有家的感觉……

其实，21 天可以相对形成一个习惯，真正养成一个习惯最少也要 66 天。当然，这与个人的坚持程度、习惯改变的难易程度有密切的关系。比如，我大概坚持了 14 天就基本养成了细嚼慢咽的习惯。

要做到有“中”有“和”，可以学习“现代管理学之父”彼得·德鲁克的“目标导向管理与自我控制”理念，始终向着要达成的目标前进，不被负面情绪绑架，不随意感情用事，学会调整状态和管理情绪，让别人拥有如沐春风般的轻松感、愉悦感和安全感，而不是觉得在与一个不定时炸弹相处。

| 沉默是金，方能洒脱 |

说是一种才能，不说是一种智慧。情商高的人如皎月般澄净美好，懂得何时应该沉默。

我有一个 35 岁的女性朋友，在很多聚会中都遇到了令她尴尬不已的问题。总会有人关切地问她：“还不结婚吗？”大方承认还没有合适的结婚对象后，她就会陷入被过度关心的灾难中：“怎么还不结婚啊？”“别挑了，再挑就只能找那些离了婚带着孩子的人了。”“现在哪有十全十美的人啊！”“你呀，不能只看别人的缺点，要多找找人家的优点。”“你这个年纪再不结婚，就得冻卵子了，不然到时想生也生不出啦！”……句句都充满关切，但句句都似揶揄。越过这些人写满关心的面孔，我看到了她脸上的尴尬和无奈。

情商高的人不是没有好奇，而是不把好奇建立在别人的尴尬上。选择过什么样的生活，是每个人的权利。能够在涉及别人的生活隐私时，减少好奇，降低关注，保持沉默，才是最好的关心。如果别人真的需要帮助、想听意见，就会主动挑起话题，到那时再说也不迟。

正如每个孩子在假期中最厌烦的问题就是“考了多少分？在班里排第几名？你们班有多少个满分？”和别人相处时，不要问一些具体的问题，不探究、不追问别人的私事，给别人留一点私人空间。

情商高的人是有温度的，有时候，只有那一缕沉默，才能将感情升温到0℃以上。我始终相信，别人若想让我知道，自然会用最直接、最简洁的话告诉我；若不想让我知道，我就算旁敲侧击、追根究底，也只会徒增反感。

| 积极气场三要素 |

情商高的人往往拥有积极的气场，而积极的气场主要有自信、乐观、宽容三个要素。

（1）自信。

拥有自信的人如同阳光，能够照亮四周。

自信有模样吗？我想应该是有的。大方的笑容，笃定的目光，干练的动作……

自信源于自我认同和激励。很多时候，岁月容易摧残女人的信心，是因为女人对新增的皱纹太在意，对下垂的皮肤太关注，对变粗的腰肢太留意，反而忽略了正在发生的美好，比如孩子的长大、自己的成熟。自信让人更加积极进取，拥有勇气去面对并征服复杂的外部世界。忘记过去，认同现在，着眼未来，用希望和目标来激励自己，才能一直对自己抱有信心，有勇气跨越每一个人生阶段。

自信有必不可少的两个要素：一个是有能力，另一个是受欢迎。要想成为一个自信的人，一要一直热爱学习，不断提高自己在生活和工作中的能力，这种保持学习热情的心态和状态甚至能抚平皮肤的纹路，变得更有光泽；二要始终彬彬有礼，在别人的认可中滋养自己的信心。

（2）乐观。

我经常在培训课上做一个调查："你喜欢和什么样的人做朋友？"毫无例外，每个答案里都会有"乐观"这个词。

心里有什么，眼睛才能看到什么。快节奏的现代社会让很多人变得越来越悲观、消极甚至扭曲。遇到任何困难，可以这样想："其实这根本就不算什么，它还不是最糟糕的事情。我是世界上最倒霉、最贫穷的人吗？不是！很多人生活艰辛，但依然努力。这才是人生的意义呀！"有时，思维的禁锢源于沮丧和放弃，其实只要换个角度乐观地想一想，问题就会有解决的办法。即使面对的是背叛和失败，也可以找到让自己有进步、令事情有转机的方法。

我曾为《彬彬有礼在校园》讲师班课程创作了一首歌曲《情商魔法棒》。我在作词的时候，就一直在想，如何用简单的语句鼓励大家保持乐观。歌曲创作出来后，很多学员都说每次唱完这首歌，心态就会变得更加积极。希望你能每天哼唱这首简单但有效的歌曲，让乐观的种子在你的心里生根发芽。

情商魔法棒

作词：纪亚飞
作曲：刘 佳

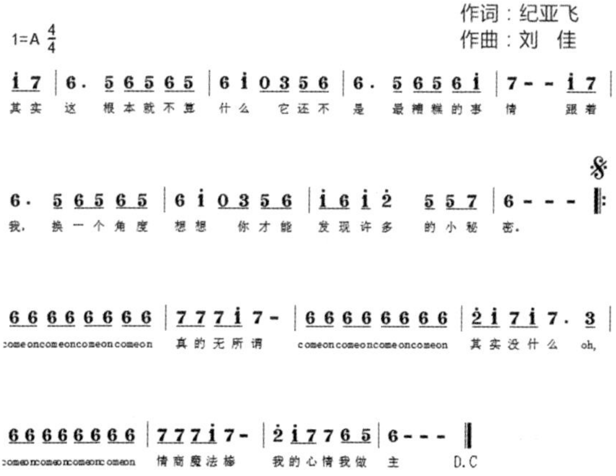

（3）宽容。

《论语·里仁》云："夫子之道，忠恕而已矣。""忠"即忠诚，心无二心，意无二意；"恕"即宽恕，了已了人，明始明终。这是一种积极、稳定、自信的做人标准，能做到不容易，做到了就能内心坦荡和丰盈。

《论语·雍也》云："不迁怒，不贰过。"意即不会把愤怒发泄在别人身上，也不会犯同样的错误。这便是孔子强调的"恕"道——宽容待人，具体来说就是，"己所不欲，勿施于人"，自己不愿意接受的，不要施加到别人身上；"己欲立而立人，己欲达而达人"，自己要站稳，就要让别人也站稳，自己要腾达，就要让别人也腾达。

宽容以理解为基础，可以开阔一个人的思维，是人际交往的重要原则。一个人若能有宽阔的胸怀，在放过他人的同时，也就将光明给了自己的内心，这正是豁达的人生态度。

《论语·述而》云：“君子坦荡荡，小人长戚戚。”君子心胸开阔，能够包容别人；小人爱斤斤计较，患得患失。哪种状态更为自在，一看便知。

很多时候，并非周围的人没有优点和可取之处，而是苛责、挑剔的心态蒙蔽了我们的眼睛。宽容，能让生活更加美好，即使偶尔有乌云，也能被无处不在的阳光驱散。

纪亚飞魅力心语

（1）能够了解并管理好自己的情绪，是情商的关键指标之一。

（2）情商高的人不是没有好奇，而是不把好奇建立在别人的尴尬上。

（3）情商高的人是有温度的，有时候，只有那一缕沉默，才能将感情升温到0℃以上。

（4）很多时候，并非周围的人没有优点和可取之处，而是苛责、挑剔的心态蒙蔽了我们的眼睛。

魅力修炼第 4 天：拥有情商

第一步：每天唱一遍具有正能量的歌曲。

第二步：记录一件当天发生的糟糕事情，运用“乐观思考法”分步骤拆解事件。

事件：

（1）其实这根本不算什么：

（2）它还不是最糟糕的事情：

（3）换个角度想一想：

（4）发现可取之处和意外收获：

第三步：每天读一章《论语》（共有20篇492章）。

自我修炼计划表

魅力修炼：拥有情商	完成情况	修炼感悟
唱具有正能量的歌曲		
运用“乐观思考法”拆解事件		
朗读《论语》		
给今天的自己一句正能量的话：		

05 情商高手的魅力空间

情商与成功密不可分。调查数据表明，那些在事业上取得成就的人都是情商高于智商的人，他们的成功20%靠智商，80%靠其他因素，其中最重要的就是情商。也就是说，拥有高情商，就拥有了最大的成功资本。

哈佛大学心理学博士丹尼尔·戈尔曼在经过系统研究情商理论而写成的著作《情商：为什么情商比智商更重要》中写道："智商高，情商也高的人，春风得意。智商不高，情商高的人，贵人相助。智商高，情商不高的人，怀才不遇。智商不高，情商也不高的人，一事无成。"

情商又称"情绪智力"，决定了其他心智能力的表现。丹尼尔·戈尔曼把情商概括为以下五个方面的能力：

（1）认识自己的情绪。只有认识自己，才能成为自己生活的主宰。

（2）妥善管理自己的情绪。即能够调控自己的情绪状态。

（3）自我激励。即能够走出生命的低潮，重新出发。

（4）认识他人的情绪。这是实现与他人正常交往、顺畅沟通的基础。

（5）妥善处理人际关系。即具备领导和协调能力。

三分做事，七分做人。做事的三分其实就是智商，做人的七分就是情商。智商决定下限，情商决定上限。为人处世让人舒服的程度，就是你能抵达成功的高度。

| 情商高手的十大表现 |

（1）能够自如地与朋友以及陌生人交谈。

情商高的人能够平等地对待每个人，不在乎年龄、种族、宗教、性别、性取向、身份、地位，不以功利之心衡量如何与不同的人交往，所以能自如地展示自己、了解他人。

（2）是一个主动、成熟的聆听者。

情商高的人明白“听到”和“聆听”是两个截然不同的概念，会用提问题的方式重复别人说过的话，确保自己没有遗漏任何信息。

（3）非常乐于助人。

情商高的人认为助人不需要理由，既会帮陌生的老太太拎食品袋，也会在晚餐后帮配偶或朋友洗碗，更会为身后的任何人把住门。

（4）清楚自己的优势和短板。

情商高的人明白每个人都有优势和短板，既会充分发挥自己的优势，也会学习别人的长处来弥补自己的短板。

（5）能够活在当下，积极体验生命的每一刻。

情商高的人不会简单地度过每一天，而是会积极体验每一刻的感受。

（6）能够平静地面对过去。

情商高的人不会浪费时间去后悔，总是能放下过去、把握当前、着眼未来，让自己不断进步。

（7）对未来充满信心。

情商高的人不会因为未来难以预料而心神不宁、紧张焦虑。因为对他们来说，生命是一次冒险之旅，而非预先安排好的常规生活，有未知才有惊喜。

（8）在生活和工作中都严守道德规范。

无论是在工作中还是在生活上，情商高的人都会遵循道德规范和原则来为人处世。尽管价值观不尽相同，但他们都会用高标准来要求自己。

（9）坚定地追求自己的目标。

无论需要花费多长时间，情商高的人都会为了自己的目标不断努力，而且愿意直面困难，解决问题，他们相信只要不放弃，成功终会如约而至。

（10）拥有强大的内在驱动力。

情商高的人享受实现目标的整个过程，更加注重个人的进步与成长。

看完情商高手的十大表现，你觉得自己的情商高吗？

其实，一个人成功与否、幸福与否，在很大程度上与其对自己和他人情绪的掌握进而运用技巧进行社交的能力密切相关。

|情商高手的魅力释放|

（1）初次见面，一定要努力记住别人的名字。

很多人说："我就是记不住别人的名字啊！"其实，不是记不住，而是觉得这件事没那么重要。如果真的意识到记住别人的名字是一件重要的事情，就一定能记住。

（2）说"谢谢"的时候，加上"你"或对方的名字。

"谢谢"是泛指，而"谢谢你"是特指，更显真诚。对陌生人，说"谢谢你"；对认识的人，说"谢谢 ×××（对方的名字）"，就会让对方感觉很温暖。

（3）请别人帮忙的时候，说完事情后加一句"好吗"。

千万不要用命令的语气请别人帮忙，而要用商量的语气，比如"可以吗""你方便吗""好吗"，让对方觉得受到尊重。

（4）聊天的时候，少用"我"，多说"你"。

聊天的时候，讲了自己的经历或对某件事情的看法后，加上"你呢""你觉得呢"把话题丢给对方，让对方也有表达的机会。

（5）把"你明白我的意思吗"换成"我说清楚了吗"。

"你明白我的意思吗""你听懂我说的话了吗"这些话在人际交往中其实是不妥的，因为它会有一种暗示："你听得懂吗？你能抓到我说的重点吗？"换成"我说清楚了吗"，就不会有指责、质疑的意味，并且可以表达"如果我没有讲清楚，我可以重复说一下"的意思，既谦虚又有礼。

（6）即使是对最熟悉、最亲密的人，也请保持尊重和耐心。

很多人对陌生人礼貌，对家人、伴侣或好友却极不耐烦也不尊重，因为打心底觉得对方不会和自己计较。可是为什么不把你的温柔与体贴、快乐与美好留给最爱你的人呢？

（7）每天练习冥想20分钟，缓解身心压力，使身体放松、内心平静，更好地控制自己的意识和情绪。

做冥想时，关掉手机和电脑，避免任何干扰。找到让自己放松的位置和姿势，保持眼睛睁开、嘴巴微张，使所有感官都处于开放的状态。想象自己躺在一片软绵绵的绿草地上，阵阵清香扑面而来。蓝蓝的天空中没有一片云彩，潺潺的小溪从身边缓缓流过，叫不出名的野花争相开放，一头母牛带着小牛在散步，蛐蛐在草地里蹦来蹦去，树上的鸟儿在不停地歌唱，孩子们在尽情地嬉戏。用心去聆听，远处有瀑布泻下的声音；深吸一口气，空气中有玫瑰的幽香；用心去感觉，身体首先变得很轻，几乎要飘浮在空中，然后变得很重，几乎要陷入山谷中……

情商是一种感知、掌握和有效运用情绪的力量。提高情商能让我们学会认同他人，与他人共情，并给出恰当的回应。

真正的高情商，不是虚情假意，而是温暖平和；不是绝顶聪明，而是满腔热忱；不是空喊口号，而是意志坚定；不是时刻为别人着想，而是关键时刻给予恰到好处的体贴；不是随意赞美他人，而是给予真诚的鼓励和可靠的评价……无论何时何地，都让人如沐春风。

心平气和、淡定从容、严格自律是高情商人士的特征。学会调控自己的情绪，才能在生活中开出一朵花。与其抱怨他人，不如用行动改变自己，就先从提高情商做起吧！

程晓芳魅力心语

（1）三分做事，七分做人。做事的三分其实就是智商，做人的七分就是情商。

（2）一个人成功与否、幸福与否，在很大程度上与其对自己和他人情绪的掌握进而运用技巧进行社交的能力密切相关。

（3）情商是一种感知、掌握和有效运用情绪的力量。提高情商能让我们学会认同他人，与他人共情，并给出恰当的回应。

（4）心平气和、淡定从容、严格自律是高情商人士的特征。学会调控自己的情绪，才能在生活中开出一朵花。

魅力修炼第 5 天：情商高手

第一步：保持平和的心态。

（1）当你对某人的做法生气、不满时，在你说一些让自己后悔的话之前，先深呼吸 3 次，并从 1 数到 10。一般来说，数到 10 的时候，你就能找到一个更好的沟通方法。如果数到 10 的时候，你还是很生气，那就暂时远离这个人，等冷静下来，再继续讨论。

（2）当你感到紧张、焦虑时，可以用冷水洗脸，或出门呼吸新鲜空气。一般来说，处于较冷的环境下，焦虑水平会有所下降。千万别喝含有咖啡因的饮料，那只会让你更紧张。

（3）当你感到害怕、沮丧时，可以做有氧运动（快走、慢跑、跑步、跳绳、游泳、骑自行车等）。当身体充满活力时，放松、自信等积极情绪就会自然增长。

（4）当你感到疲惫、困惑、毫无灵感时，不妨走到室外将大脑“清空”一下。让自己被美好的大自然包裹，心自然就能平静下来。

第二步：增强情绪调控力。

（1）找一个让你觉得舒服的地方，或坐或躺，闭目凝神，放松身体。

（2）回想当天有哪些事件让你产生了强烈的情绪波动，通过回想这些事件，重新体验并调整自己的情绪。

（3）在事先准备好的本子上记录下对自己情绪的认知和感悟。

每次做3分钟即可，过上几周，你就会发现自己对情绪的调控能力大大增强。

第三步：提升思维模式。

（1）解读他人的表情和行为时，要去除主观性和情绪化，在做任何结论前，至少想出两种可能的答案。例如，朋友没有给你回电话，你要想到两种可能，一是不在乎你，二是工作太忙，避免陷入一种主观臆想的情境中做出错误的判断和冲动的行为。

（2）想要了解他人的真实想法时，在沟通中尽量提开放式问题。比如，“我很好奇，你能不能告诉我为什么……”避免用自己的主观想法进行判断与指责。

第四步：打造自信气场。

（1）沟通时明确提出自己的观点。记住，这不是命令、攻击他人，而是清晰地表达你的想法。

（2）说话时应减少停顿，避免使用“嗯”“啊”“然后”，可以放慢语速，但语气要掷地有声、果断坚决。

（3）感觉无法控制情绪时，保持沉默，等平静后再说话，而且语气要平和坚定。

高情商能让人获得更多的幸福和成功，为了自己美好的明天，一定要有意识地提高情商，不断开启人生新篇章。

自我修炼计划表

魅力修炼：情商高手	完成情况	修炼感悟
保持平和的心态		
增强情绪调控力		
提升思维模式		
打造自信气场		
给今天的自己一句正能量的话：		

06 别输给时代

在发展越来越快的科技时代，我们的安全感从何而来？

“美美你好，我要去法恩莎洁具。”

“好的，你要去法恩莎，我带你去。慢点走，跟上我哦！”

“好的，谢谢你。”

我给我家阿姨看这段视频时，她惊奇地问我：“真的带你去了吗？商场里都是这样的机器人吗？”

我说：“是的，美美非常智能，能帮助顾客寻找心仪的家居产品，并解答顾客的各种问题。”

我家阿姨忧心忡忡地说：“机器人可以担任导购了啊，以后工作更不好找了呀！”

是的，这是一个被科技改变的时代，很多人觉得自己的存在感和价值感不断降低，掌握的技能在某个时刻就会突然无用，被更加智能的科技产品替代。

自我价值得以发挥，才会有安全感。无用之人，终究会被时代冷漠地淘汰，甚至来不及发出声音便偃旗息鼓。情商高的人一定不会让自己输给时代，深陷没底气、没信心、缺乏安全感、缺乏稳定情绪的困境中，而会始终提升自己的能力，在时代浪潮中奋楫争先。

| 坚持主动思考 |

很多时候，人生不是做选择题，而是需要对未来趋势作出评估与判断。如果你只是一个按部就班的人，即使你很努力，也可能会被淘汰。只有具备主动思考能力，而不是当一个储存别人的知识与想法的移动硬盘，才不会被时代浪潮淹没。

2020 年，全国有近 3000 家银行网点关停。以前，大家都认为在银行工作稳稳当当、衣食无忧，不料互联网时代的手机银行就这样轻而易举地取代了银行柜员。事实上，20 世纪，已经有打字员、铁匠、电话接线员等很多职业消失了。随着科技的快速发展，未来职业变迁的速度将越来越快。身为承担多重角色的女人，尤其需要具备宏大的思维框架和创新的思考能力，才能在个人成长、子女教育、家庭生活等方面不被时代抛弃。

生命只有一次，别提下辈子。我一直不敢在原地停留，总是高效地利用碎片化时间，例如经常在旅途中用时间管理软件做好计划，再用手机笔记软件记录自己的思考。因为我知道想要成为更好的女人不是一句口号，而是需要认认真真的思考和踏踏实实的行动。

坚持主动思考，不仅要思考外部变化，还要思考自身问题。情商高的人善于主动思考，他们不是不会犯错，而是永远能够自省，知道发生了什么，知道应该调整什么，知道未来应该怎么做。

|坚持自主学习|

现代社会越来越需要掌握多项技能的人。很多行业都要求员工既会这个，也会那个。

我是一名职业培训师，需要熟练使用办公软件，出礼仪试题、判卷、计算分数、展示课程内容等；需要具有良好的演讲技巧，在课堂上用声音魅力让学员对我的讲解感兴趣，更好地掌握培训内容；需要掌握心理学知识，了解学员的真实需求，创造和谐课堂；需要具备良好的文字功底，写出深入浅出的课程讲义；需要拥有强健的体魄，才能抵挡住赶往各地出差、培训的疲惫；需要熟练使用视频、音频录制和剪辑软件，才能让教学形式更新颖，增强学员的沉浸式学习体验感……

每年我都会集中学习3次以上，为的就是让自己沉淀下来，学习更多的知识和技能，不至于某天不得不面对空有一身技能却无一能用的尴尬境地。毕竟，现代社会的发展节奏和知识更新速度那么快，不坚持自主学习，就注定在新时代的道路上走不远。更何况，很多人比我优秀，还比我更努力。

如今大力提倡的终身学习理念，不是一句空话，也不是传统意义上的学历学习，而是一种贯穿人生各个阶段和各个领域的综合性学习。你可以拒绝学习新事物，但你一定会发现新事物层出不穷，如果你不主动学习、与时俱进，就连基本生活都会十分不便。作为女性，需要学习更多的知识和技能，比如美容知识、养生知识、子女教育知识、生活常识、职业技能……特别要说的是，当妈妈坚持自主学习，无须说教，孩子就会热爱学习。这，也是终身学习的重要意义——言传身教。

在信息爆炸时代，自主学习甚至成为一种生活方式，很多人都在争做“斜杠青年”。

“斜杠青年”出自《纽约时报》专栏作家麦瑞克·阿尔伯撰写的书籍《双重职业》，指的是因不再满足于“专一职业”和“单一生活方式”而选择多重职业、身份和多元生活的人群，由于在自我介绍中用斜杠来区分不同的职业、身份，便被称为“斜杠青年”。

“斜杠青年”渴望自主、多元、有趣、经济独立的生活。成为“斜杠青年”，意味着“自己有能力赚多份钱”。简单来说，“斜杠青年”就是不断挑战自己，通过自主学习为自己的人生增加一个又一个扎扎实实的标签和拼搏努力的印记。在对国内 18~25 岁人群的调查中，有 82.6% 的年轻人表示想成为“斜杠青年”。

学无止境，只有活到老学到老，养成不断主动探索、自我更新优化知识、学以致用的良好习惯，才能适应时代与社会发展的节奏，实现自我发展的需要。只有不断学习，才能让自己始终强大，获得价值感和安全感，感受人生真正的幸福。反过来，有价值、被需要，又会再度激发不断自主学习的欲望。

其实，学习最可贵的是坚持。无论打算学什么，都要记得问自己两句话。

第一句话：“确定能够坚持吗？”

如果确定要坚持，就要制订一个计划，保证学习效果。

第二句话："这件事是否有积极的意义？"

漫漫人生，只有坚持做有意义的事情，才能在渐长的年岁依然保持热情和希望。人生难免遇到负能量，虽然没有强大到刀枪不入，但可以转身向着阳光前行。

发挥高情商，坚持主动思考，坚持自主学习，过成自己想要的模样，才能不输给时代。

纪亚飞魅力心语

（1）高情商的人一定不会让自己输给时代，深陷没底气、没信心、缺乏安全感、缺乏稳定情绪的困境中，而会始终提升自己的能力，在时代浪潮中奋楫争先。

（2）只有具备主动思考能力，而不是当一个储存别人的知识与想法的移动硬盘，才不会被时代浪潮淹没。

（3）学无止境，只有活到老学到老，养成主动不断探索、自我更新优化知识、学以致用的良好习惯，才能适应时代与社会发展的节奏，实现自我发展的需要。

魅力修炼第6天：目标学习

第一步：确定学习目标。

制定一个切实可行的具体目标，比如"这个月我要读完一本关于提高情商的书"，而不要写下"我要做一个情商高的女人"等"假大空”目标。

第二步：制订学习计划。

用表格、思维导图等方式清晰地拆解学习目标。例如，“我要用 20 天读完一本关于提高情商的书，再用 10 天去践行。这本书有 200 页，每天看完 10 页才能睡觉”……

第三步：了解最新资讯。

养成每天看新闻的习惯，了解与目标相关的前沿动态和最新资讯，不断丰富、更新学习计划，避免与时代脱节，无法落地。

自我修炼计划表

魅力修炼：目标学习	完成情况	修炼感悟
确定学习目标		
制订学习计划		
了解最新资讯		
给今天的自己一句正能量的话：		

Part 3

着装修炼：
气质形象面面观

07 选对色彩赢目光

参加米兰时装周时，每一天我都安排了很满的行程。在最后一天下午工作结束、晚上秀场还没有开始的间隙，我决定让自己享受一段美好的时光。

古老的米兰大教堂前，无数时尚男女来来往往。他们或独自路过，或三五个人聊着天走过，他们每一个人都是我不认识的路人甲，却都是时尚的一个分子，集合成时尚的气息朝我扑面而来。我坐在咖啡厅里看着街上，喝下的每一口咖啡似乎都充盈着时尚的味道。

这样的感觉，在米兰无处不在。只要你好好感受，一定会被时尚附体。无论是站在路边转角处的巷口，还是靠在天桥上，都能轻松拍出时尚大片，“时尚魔都”绝非浪得虚名。当然，这必然是人文不断沉淀发酵的结果。

| 注重个人形象效应 |

米兰之行，给我最大的触动是当地人对时尚的态度。对他们而言，时尚不是刻意提出的概念，而是生活或工作本身。时光带不走的时尚与优雅刻在了他们的骨子里，成为他们的日常态度。最让我感慨的是，在米兰，时尚不仅是年轻人的专属，上了年纪的男士、女士也丝毫不马虎：买手店外偶遇一位老先生，全套灰格纹高级西装，挺拔的身形、开朗的笑容让我瞬间变成他的迷妹；在路边等人的一位年长女士的衣品也不差，全身色彩搭配既显年轻又有时尚感……

米兰这座城市之所以给全世界人民留下时尚的印象，我想就是由这些带着时尚气息的个人形象聚合而成的。这样的城市印象使得与米兰有关的事物都更容易被划入时尚界，这就是城市形象效应。

同理，我们应该注重形成和发挥个人形象效应。例如，到了职场，一定是拿能力说话，但也要注重个人形象效应，这关系到能否获得展示能力的机会。

有一次，我去银行办理理财业务，看到开放式柜台里坐着两位银行工作人员：一位头发梳得干净整齐，没有碎发，淡淡的妆容，白色的衬衫领笔挺地露在蓝色工装马甲的外面；另一位头发松散地盘着，额前几缕长发毫无章法地垂落着，白色的衬衫上有着明显的褶皱。虽然两位都面带笑容，但我选了哪一位想必不说你也知道了答案。能够把自己打理得干练得体的人想必做事会更细致一些，好不容易赚来的血汗钱交到这样的人的手里才更放心。

初次见面时，我们会不自觉地根据对方的穿着判断对方的年龄、学历、职位、行业甚至性格等，对方也会不断地给我们贴标签。可见，在一定程度上，职场也是“外貌协会”，个人形象不仅是一种竞争力，而且会被当作工作品质的重要体现。能力就是商品，形象就是外包装，卖相好与不好，销量的差别大矣。

|“色”计个人形象|

色彩是个人形象中最容易给别人留下深刻印象的要素。一个人从十米开外朝你走来，你可能看不清楚其相貌，但你一定能看清其衣服颜色，而进入你眼中的颜色会在瞬间投射出某种心理联系，你对这个人的第一印象由此开始。

在职场中，色彩悄无声息地行使着它的话语权：男性打着红色的领带或者女性使用大面积的红色，如果不是在特定的喜庆场合，就一定是在告诉别人其权威不容忽视；如果想要充分展现理性的职业形象，选用蓝色的服装最为合适，比如律师、会计师的工装往往都选用了蓝色。

色彩是老天给出的最公平的礼物，每个人不仅可以在服装中加入色彩扮靓自己，更可以巧妙地运用色彩塑造符合自己特点的个人形象。

第一步：找准定位。

三大人生哲学终极问题是：我是谁？我从哪里来？我要到哪里去？可是放在职场，如果弄不清楚“我是谁”，问题就有点严重了，职场道路可能因此障碍丛生。比如，明明是应该低调、亲和的职场新人，却偏偏要在各处出风头；明明是应该大方、自信的新闻发言人，却唯唯诺诺……

无论现在的你处在什么职场阶段，都应先为自己进行形象定位：

写下自己的年龄、性别、职位、职业特征、工作中最常接触的对象类型，分析在工作中想给目标对象留下怎样的印象。正如食品会因包装精美而促成顾客购买，人也可以因服装得体而让他人产生好感或信赖感。

职场形象应根据不同的时间、场合和对象进行相应变化，可以用四象限法来为形象打造定位具体目标。横坐标既可以按照主角、配角划分，也可以按照表现高调、低调划分；纵坐标既可以按照年龄的年轻、成熟划分，也可以按照体现亲和、权威划分。

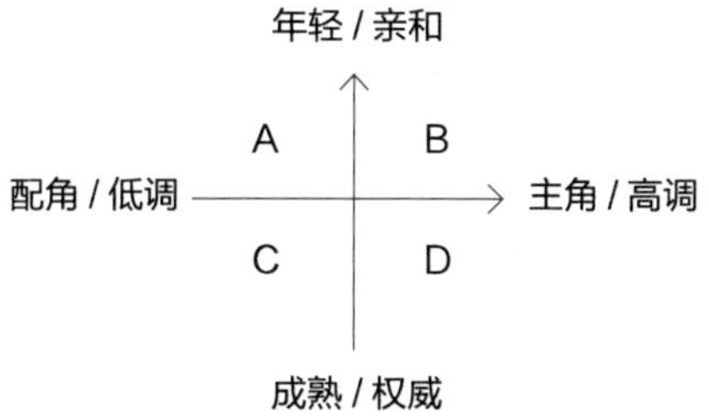

例如，你是一个职场新人，希望能够快速地融入团队中，这时你的形象定位是什么呢？

第一，年轻。故作老成或假装权威肯定会被职场达人们看穿，还很有可能落下“装”的名声，打造年轻、亲和的形象才符合职场新人的身份特征。

第二，低调。职场新人初来乍到，地头都还没摸清就老唱高调，那就等于向同事们宣称：“你们都不怎么样，还是看我的吧！”这样的职场新人是受人喜欢还是遭人吐槽呢？

综上，职场新人应按照 A 象限的打造方法来定位自己的形象。

当然，如果你是职场“老司机”，甚至还将被提拔为部门负责人，将形象定位停留在A象限，就会在领导力展现上出现问题。

我曾到一家企业做形象礼仪培训，培训前，某部门负责人对我说：“张老师，我手下的人都很好，就是不管在谁面前都喜欢直呼我的名字，大领导在场也这样叫，弄得我很是尴尬，觉得自己不像一个部门领导。”

我定睛一看，这位部门负责人留着披肩长发，身穿鹅黄色连衣裙，外搭白色针织外套。我问她：“您平时的穿衣风格都是类似今天这样的搭配吗？”她回答是，停了一会儿又补充道：“大家都觉得我这样穿看上去很有活力。”我笑着回答她：“是啊，是很有活力，可是这样的穿着很难体现权威感，反而会让人觉得您是一位没有主见、很好说话的领导。您一定是非常有能力的领导，但在向手下布置任务的时候，您会不会觉得很难推进呢？”她恍然大悟，感慨道：“没想到衣服对领导力的影响这么大！”

离开时，我建议这位部门负责人在工作场合的穿衣搭配按照D象限去打造，再加上把头发盘起来，可以显得既利落又权威。

第二步：了解色彩。

知道自己的形象定位象限后，如何把握每个象限的色彩运用呢？

色彩是无声的语言，用特有的方式与每一个人对话。要想让色彩成为职场助推力，首先需要与色彩做朋友，走进色彩的世界。

大自然创造了多彩的世界，我们也喜欢大自然的丰富多彩，可一旦说到服装搭配，很多人就对色彩“敬而远之”，其实这都是因为“想爱又怕受伤害”，不知如何驾驭色彩。其实，只要把色彩进行分类，了解不同的色彩特征和色彩情感，驾驭色彩就变得很容易。

色彩可以粗略地分为两类：一类是黑色、白色以及由黑白相混而成的不同深浅的各种灰色，统称为“无彩色”；另一类是除了无彩色以外的所有颜色，统称为“有彩色”。在职场中，无彩色通常被选为服装搭配的大面积用色，因为无彩色的色彩情感更符合职场中性化、理性化的要求，有彩色则被选为搭配色、点缀色，用色虽少，可却是塑造不同形象风格的有力武器。

具体来说，色彩可被划分为四个象限。

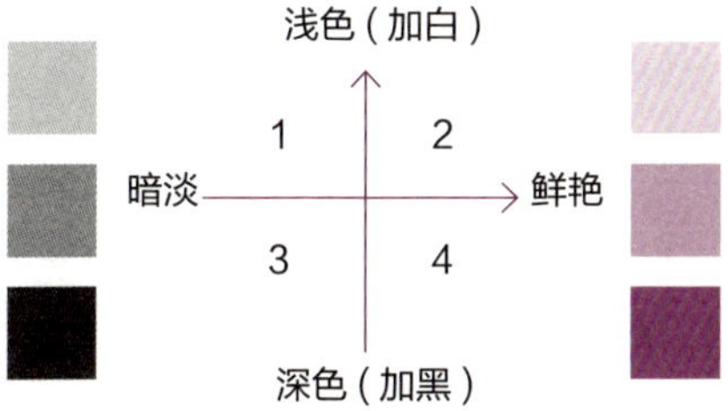

横坐标是色彩的鲜艳度，分为鲜艳和暗淡。鲜艳的色彩（红色、橙色）显得高调醒目，属于“主角光环”，容易让人眼前一亮；暗淡的色彩（肉粉色、灰褐色）则显得低调不起眼，不容易引人注意，属于“配角标配”。

纵坐标是色彩的深浅，分为浅色和深色。浅色意味着加入了很多白色，颜色越浅，越容易给人以轻盈向上的轻快感，常用于打造年轻活泼的形象；深色意味着加入了很多黑色，颜色越深，越容易给人以沉重向下的分量感，更适于打造成熟稳重的形象。

其实，色彩四象限正好对应了形象定位四象限，无论你想要 A、

B、C、D 中的哪一款形象风格，只要选择对应的 1、2、3、4 象限的色彩作为服装搭配主色，就肯定不会出错。例如，职场新人选择 A 象限形象风格，就应该多运用 1 象限的浅色和不过于鲜艳的颜色，给人以清新、单纯的感觉；职场领导选择 D 象限形象风格，就应该以深色调为主、鲜艳颜色为辅来体现权威感。

第三步：职场“色”戒。

了解完简单易操作的形象定位四象限与色彩四象限，你是不是觉得已经掌握了职场形象打造秘诀了呢？其实，既然是色彩“攻心计”，就还要了解一些不可不知的“色”戒。有职场色彩心法在前，再规避掉色彩陷阱，就可以放心地让人察言观“色”了。

“色”戒一：喜欢的不一定是适合的。

很多人在选择色彩的时候，常常会下意识地选择当下喜欢的颜色。当不需要色彩为形象代言的时候，喜欢的颜色是可以随意穿的，可是如果希望色彩能助形象一臂之力，塑造或热情、或含蓄、或亲和、或权威等形象风格，就应该理性地选择适合的而不是喜欢的色彩。

选对色彩能让形象赢在起跑线上。红色热烈激情，橙色充满活力，黄色温暖愉悦，绿色亲和放松，蓝色理性冷静，紫色高贵神秘……例如，同样是选择白色外套，只要搭配不同颜色的裙子就会让同一个人变得气质不同。这，就是色彩的魅力。

“色”戒二：少即是多。

数量恰当的色彩会让个人形象变得鲜活生动，将过多的色彩穿在身上很容易显得杂乱无章，从而失去要表达的风格重点。

大面积的无彩色加小面积的有彩色，既是职场人的常规穿衣逻辑，也是非常经典的职场服装色彩搭配法则。在这个法则之下，无论是选择无彩色还是有彩色，都建议以一种颜色为主。比如，在无彩色中选择黑、白、灰中的一种，在有彩色中选择红、橙、黄、绿、蓝、紫中的一种。不管你选择哪一种色彩为你代言，切记控制有彩色的面积不要超过全身面积的 1/2，最好是在 1/3 以内。需要注意的是，裸露的皮肤面积也要算在全身面积之内。这样可以有效地塑造鲜明的个人形象，打造出重点突出的风格感和简约但不简单的品质感。

在米兰的秀场外等候的时候，我会跟国外的“网红”和时尚人士合影。其中一位“网红”男士本想用围巾打造时尚感，却错误地选择了颜色太多、图案又很琐碎的款式，结果显得画蛇添足，失了高级感，再加上他在手腕上戴了不同花色的手环，更是让全身装扮失去了重点。其实，把围巾和手环都拿掉，才是正确的时尚穿搭法。可见，即便是“网红”也要学会“色”戒啊！

张燕魅力心语

（1）色彩是老天给出的最公平的礼物，每个人不仅可以在服装中加入色彩扮靓自己，更可以巧妙地运用色彩塑造符合自己特点的个人形象。

（2）选对色彩能让形象赢在起跑线上。

（3）大面积的无彩色加小面积的有彩色，既是职场人的常规穿衣逻辑，也是非常经典的职场服装色彩搭配法则。

魅力修炼第 7 天：玩转色彩

第一步：根据自己的年龄、职业、职位等找出自己对应的形象定位象限。

例如，你在外企工作了 3 年，是部门经理的助理，明天要陪经理一起接待客户，那么你的职场形象定位分析如下：第一，工作 3 年还应突出年轻的形象；第二，陪同领导应酬不能比领导高调。综上，选择的是形象定位 A 象限。

第二步：找到与自己形象定位象限相对应的色彩象限，结合具体的实际情况确定用色方案。

例如，身为部门经理助理的你选择了形象定位 A 象限，就应选择对应的色彩 1 象限——整体服装色调偏浅色和非鲜艳色。在职场中，浅灰色、浅米色、浅蓝色都是不错的选择。当然，工作了 3 年的你也不能在客户面前毫无存在感，既不能抢了领导的风头，还要替领导和公司长脸，这个分寸的拿捏就是见证你职场形象打造功力的时刻。如何顺利过关呢？简单来说，你需要在 1 象限内向 2 象限靠近的区域运用色彩，比如化一个淡雅的妆容，戴一个色彩鲜艳的小胸针或者系一条面积不大的彩色丝巾。

第三步：出门前照镜子，从整体角度看全身的色彩是否协调。形象是一个整体，除了服装本身，鞋子、袜子、配饰甚至皮肤都是有色彩的，所以一定不要让全身某个地方突兀地出现某个“孤立无援”的颜色。比如，玉手镯、红绳子等，会为一身理性的职业装减分。

自我修炼计划表

魅力修炼：玩转色彩	完成情况	修炼感悟
找准形象定位象限		
找到对应的色彩象限，不断练习搭配无彩色与有彩色		
出门前照镜子，看看自己的整体形象		
时时感受大自然的不同色彩，与色彩做朋友		
给今天的自己一句正能量的话：		

08 穿对风格显气质

你知道你是谁吗？无论你的年龄多大，无论你经历了什么，面对镜子里自己的着装，你满意吗？

着装反映了一个人的生活态度、职业期许和人生梦想。那么，你用心管理过你的服装吗？看看你的服装的家——衣橱，那是一个无声却又丰富的世界，回忆着你的过去，彰显着你的现在，更期待着你的未来。

|定位自己的穿衣风格|

不少人问我："我适合什么样的穿衣风格？"其实，每个人的穿衣风格都是由自己多年经营出来的，并不是在一瞬间就能简单决定的。

20 岁桃李年华，正是青春张扬的年岁，你可以尝试各种风格，大胆装扮自己，无论是叛逆还是清纯，都可以尽情展现，让所有人见证青春的风采。

30 岁而立之年，你拥有了家庭与事业，稳重、得体的服装成为你展现风采时必不可少的要素，让更多的人欣赏你的多重角色之美。

40 岁不惑之年，你的生活与工作有了一定的收获，你没有被生活与工作打败，更没有狼狈不堪，你风光正盛，拥有了成熟的着装风格。

50 岁知命之年，你积累了很多生活智慧和工作技能，正获丰收，着装更加大气。

60 岁花甲之年，你能够全心享受生活，用服装表达你对生活满满的爱。

每去到一个城市，我都喜欢坐在街边的咖啡店度过美好的午后，静静欣赏阳光下各色行人的风采。

时光匆匆，岁月无情，很多人都逃不脱前行的压力与现实的重担。

或许因为我是形象礼仪讲师，我能从他们的服装上看出他们的职业、家境、性格、社会地位。

并非我会算命，而是他们的穿着告诉了我他们是谁。

现在来做一个测试。在图中圈出 6 个可以代表你的形容词，看看你属于哪种风格。

八大风格

戏剧型风格：夸张、大气、醒目、存在感强、成熟、直线条

自然型风格：随意、亲切、朴实、潇洒、成熟

古典型风格：端庄、正统、精致、高贵、成熟、稳重

优雅型风格：优雅、温柔、精致、女人味、熟女、曲线条

浪漫型风格：华丽、夸张、迷人、女人味、成熟、诱惑、

请让我知道
一个真实的你..

亲切

高贵 大气 夸张 甜美 朴实 女人味 灵动

圆润 温柔 直线条

成熟 天真 个性 迷人 时尚

古灵精怪 醒目

优雅 年轻

标新立异 端庄 潇洒 中性

稳重 曲线条 帅气

存在感强 利落 诱惑

熟女 随意 独立 华丽

正统

可爱 精致 干练

曲线条

前卫型风格：个性、时尚、标新立异、古灵精怪、独立、直线条

少女型风格：可爱、甜美、灵动、圆润、天真、年轻、曲线条

少年型风格：帅气、干练、利落、中性、年轻、直线条

经过测试，你已经找到自己的风格，那么，现在看看你的衣橱里的衣服是否符合这些形容词。

如果你的服装形容词与你的气质形容词相匹配，就能完美地体现你独特的穿衣品位。这，就是我们经常说的“形容词搭配法”。

| 穿出自己的魅力 |

过去的我并不十分在意着装的重要性，殊不知，我穿出来的衣服早已将我的不知世事与战战兢兢毫无保留地暴露出来。

有一次，我认识了一位年过不惑的女士。比起她不符年龄的粉嫩着装，那时的我更在意的是她看似难以相处的相貌。在之后的交谈中，我得知相貌气质问题已困扰她许久，故而她选择了粉嫩的服装，想让自己显得更有亲和力，殊不知，粉嫩的颜色却将俗气与别扭一道带给了她。那时的我对服装搭配还很懵懂，即便觉得不妥，也无法提出任何建议。

之后，我参加了女士所在公司的年会活动。不过数月未见，再见时她却让我眼前一亮——她身着一套裁剪精巧的正装，独特的领子设

计让她显得精神奕奕，宝蓝色将她独有的精英气质展现得淋漓尽致，原本多有收敛的笑容此刻却变得自信、大气，整个人散发着不可忽视的魅力。

后来，我接触了形形色色的职场人，他们身形不一，脾气秉性与做事态度更是大不相同，却都着装得体。于是，我开始重视着装，大到款式，小到扣子，都考虑得当，用这种无声的语言宣告美丽、倾诉幸福、诠释成功，不让不妥的服装误导自己与旁人。

其实，得体比好看更重要。充满魅力的女人并非因为身上的服装多么昂贵或特别，哪怕价格便宜、款式简单，只要能契合自己的风格，就能展现出专属的魅力。衣服不是为了填满衣橱，而是为了在不一样的场合面对不同的人和事时展现自己的各色风采。衣着得体的精髓，不是合身，而是合适。

一位友人告诉我这样一个故事：她的一位同事兼好友，家庭事业双丰收，得到了无数羡慕与祝福，却打算结束自己短短两年的婚姻。原因无他，只因曾经仪表堂堂的丈夫越来越颓废和懒散。无论是在家还是外出，他都不再注重形象的打理，不理发和刮胡子，着装也十分随意，抓到什么就穿什么。后来，这样的懒散渐渐侵蚀到他的工作中，无心工作，得过且过，收入一落千丈。直到妻子忍无可忍地提出离婚，他才如梦方醒，下决心改变自己的状态，理了头发，穿起西服，打好领带，以一个全新的形象重新开始工作与生活，不仅挽回了婚姻，也重回职场中心。可见，着装是一个人精神气质的重要体现，随意着装的人往往过着懒散颓废的日子，精致着装的人往往过着积极向上的日子。

人，终究是要成长的，着装风格亦如此，都需要慢慢地找到自己的风格、散发自己的魅力。让着装符合自己的状态与身份，穿出自己的梦想与责任，才能让自己的生活更加美好、人生更加幸福。

张晶魅力心语

（1）衣服不是为了填满衣橱，而是为了在不一样的场合面对不同的人和事时展现自己的各色风采。衣着得体的精髓，不是合身，而是合适。

（2）让着装符合自己的状态与身份，穿出自己的梦想与责任，才能让自己的生活更加美好、人生更加幸福。

魅力修炼第 8 天：服装打扮

第一步：选择扬长避短的衣服。

着装要能体现自我风格，展现独特魅力。如果不清楚自己的最佳着装风格，可以试着从以前被赞美的记忆里或者通过观察自己最受欢迎的照片找到答案。你会发现，穿着适合自己的衣服就会心情喜悦、情绪高涨，变得自信。在工作中，职业套装无疑是最佳选择，干净、利落、整洁的风格让人感觉专业和值得信赖。

明明是为了好看而选的衣服，可是穿到身上效果却适得其反，那是因为你只是选择了你喜欢的衣服，而不是适合你的衣服。因此，必须掌握扬长避短的搭配方法，亮出你的美丽，修饰不足之处，展示出自信。如果不知道什么着装能扬长避短，你可以选择最不会出错的小黑裙，或者不妨听听服装店优秀销售的意见，他们甚至能帮你发现不曾也不敢尝试的合适风格。

第二步：搭配画龙点睛的饰品。

搭配饰品，比如丝巾、帽子、项链、手镯、耳环等，着装风格的变化范围就会拓宽，帮助你塑造各种不同的形象。

比如，佩戴帽檐稍低的帽子，叠带多条长款项链，搭配上小黑裙，就成了经典的气质派着装搭配；贝雷帽可在工作场所或西餐厅搭配套装，显得优雅大方；用略带男性气质的礼帽搭配甜美连衣裙，就能穿出神秘的中性风格；编织帽、鸭舌帽、宽帽檐等则能给日常的T恤、牛仔裤增加立体感和活泼情调。

自我修炼计划表

魅力修炼：服装打扮	时间、场合、目的	服装风格、搭配	修炼感悟
周一			
周二			
周三			
周四			
周五			
周六			
周日			
给今天的自己一句正能量的话：			

09 搭配丝巾有风情

徽州宏村——以徽派建筑为特色的古村落，因是李安导演的奥斯卡获奖电影《卧虎藏龙》取景地而闻名中外，享有“中国画里乡村”的美称。来到这里的游客几乎人人都手拿相机，既拍景色，也想把自己留在画里。

身处人间仙境，我也希望自己能有一丝仙意——我给自己准备了全套白色服装，与青瓦白墙相呼应。然而，当我坐下拍照时，却发现少了一些生动。于是，我果断拿出包里的丝巾披在身上，相机里的画面马上变得鲜活起来。

对女性而言，丝巾是最不可少的拍照利器。在任何旅游胜地，你都能看见各式美女披着丝巾，摇曳着从你身边飘过。人已去，丝巾却仍随风飘逸，留下一道不言不语的好风景。

|你与时尚只有一条丝巾的距离|

丝巾是时髦女人的座上客。奥黛莉·赫本说："当我戴上丝巾的时候，我从没有那样明确地感受到我是一个女人，美丽的女人。"在电影《罗马假日》里，赫本身着白色短袖衬衫、搭配俏皮的条形小方巾的经典造型，一举奠定她的时尚地位，小方巾不仅被当时的女性争相模仿，直至今日也依然常常出现在各类时尚杂志上。

相比佩戴珠宝的各种限制——真的太贵，假的没品；大的太张扬，小的没意义——丝巾作为着装的百搭神器，可谓人人必备。职场女性选择合身的连衣裙或者西服套装，再巧妙地搭配一方丝巾，就会让别人看到你注重细节的好品质。

丝巾就像是女人飘动的情绪，总在不经意间轻轻流露，每条丝巾、每种扎法都反映着不同的心态和情怀。人与人交流时，最容易也最主要关注的是对方胸线以上的部分，这一部分给人的印象则更多地来自局部的细节，除了脸部的妆容之外，颈间的一抹丝巾自然会成为对方解读的重头戏。

你是否也有这样的体验：早上起来，打开衣橱看着满满的衣服却不知道要穿什么，难道女人的衣橱里永远都少一件衣服是真的？其实不然。在节奏越来越快、人人拼效率的时代，衣橱里的衣服太多，更像是一种灾难，犹豫不决地挑来选去，时间都不知去了哪儿，等到终于选好，才发现已然到了迟到的边缘。

如果你也有这样的状况，完全可以给衣橱做减法，只保留必要的合身连衣裙、衬衫、西服套装和颜色与图案不同的丝巾。不要小看小小的一方丝巾，它可以与你留下的必穿服装擦出多种火花，让你不用天天换衣，却能一周不重样。

丝巾作为使用灵活性很高的配饰，除了围在颈间，还可以将尺寸足够大的丝巾当作内搭，搭配西装外套，既能引领职场时尚，又不容易撞衫。要知道，你的衣橱里少的不是一件衣服，而是几条丝巾。用投资一件衣服的钱去添置几条丝巾，就足以让你原有的衣服使用效率翻倍，这样的投资你值得选择。

丝巾能够成为你最有品位的个性签名。优雅女性需要得体地把握好装扮的度，既不能过于随意，也不能珠光宝气。使用一条合适的丝巾，一切就都刚刚好。

|选对丝巾有技巧|

一方丝巾可以展现优雅、清新、干练、大气、浪漫、轻松等风格，不论长或短、便宜或昂贵，都从色彩表达和图案表达两个维度传递信息。可以说，用好丝巾是从掌握丝巾的色彩表达与图案表达开始的。

第一维度：色彩表达。

如果做个调查，看看大家衣柜中的服装以哪些颜色居多，我想黑、白、灰一定高居榜首，可是如果要问家里的丝巾通常都有哪些颜色，估计用五彩缤纷来形容也不为过。选择黑、白、灰，在某种程度上是为了避免搭配错误，选择彩色的丝巾则在很大程度上是希望弥补服装缺乏色彩的不足，毕竟生活中哪能没有色彩。

那么，如何从五颜六色的丝巾中选出适合自己的呢？

（1）了解色彩语言。

热烈激情的红色：不是在说“我是领导者”，就是在提醒“请注意看我”。女人的红色丝巾就像男人的红领带一样，非常适合在职场中做增强领导力的强心剂。

充满活力的橙色：总是能带给人开朗、有精神的印象，仿佛在说“我很积极”。

温暖愉悦的黄色：总是能带给人愉悦的感受，像是满含笑意地说：“让我们愉快地相处吧！”

亲和放松的绿色：作为最能代表大自然的颜色，能带给人平静、安宁、稳定的感觉。如果你作为领导的左膀右臂，希望得到领导的信赖，那就应该让绿色替你说“我很安全”。

理性冷静的蓝色：容易让人联想到天空或大海，常常在职场中被用来理直气壮地告诉大家：“我很专业，我有条理，我办事利落。”

高贵神秘的紫色：紫色是一个在职场中需要谨慎使用的颜色，因为是由热烈的红与冷静的蓝结合而来，所以总是有一点变化无常，仿佛一直在说：“你猜，你猜，你猜猜猜！”这怎么能让人心安呢？不过，这种让人琢磨不定的神秘感非常能表现女性的性感。

不同的色彩语言

红色	请注意看我
橙色	我很积极
黄色	让我们愉快地相处

续　表

绿色	我很安全
蓝色	我很专业，我有条理，我办事利落
紫色	你猜，你猜，你猜猜猜

（2）掌握同色搭配。

如果你希望借由丝巾来提升全身搭配的层次感和精致度，给人感觉和谐、柔和而又不过于抢眼，那么，选择与服装同色系的丝巾做同色搭配最为合适。

全身都是一个色系，颜色搭配会非常和谐，整体性就会很强。比如，如果穿了绿色连衣裙，那么选用黄绿色系丝巾就能很好地打破超大面积单一颜色的老气乏味，让整体搭配变得柔和舒服；如果穿了灰色、米色等中性色服装，很容易显得整体暗淡，可以搭配渐变的灰色、米色等同色系丝巾，并用多层次扎法来凸显高级和生动。

（3）掌握撞色搭配。

撞色搭配是运用最多的丝巾搭配方法。尤其是在职场中，人们经常选择黑色、白色、灰色、米色、驼色等比较保守或者素雅的无彩色或接近无彩色的浊色服装，想要用鲜艳的有彩色与之形成撞色对比，丝巾就是最好的选择，可以起到画龙点睛的作用。如果你的衣服是暗色系或者素色系，不妨大胆选择一条亮色的丝巾，整个人也会跟着亮眼起来。

第二维度：图案表达。

作为丝巾中的“一姐”，从 1937 年的“女士与巴士”到 2021 年的“太空赛马”，每一条爱马仕丝巾都有一个故事，这些故事来自全球各地设计师的奇思妙想。爱马仕丝巾除了用作日常穿搭以外，更被视为名画来欣赏，将其裱起装饰在客厅与卧室早就成为时髦的使用方式。每年，与成衣一样，爱马仕都会发布春夏和秋冬两个系列的丝巾，每个系列中只有一部分是全新的图案设计，其他都是过去经典图案的重新配色。可见，奠定爱马仕丝巾傲视群雄地位的，除了精湛的手工工艺，就是图案赋予丝巾的灵魂——每一副图案都借由一个故事介绍一处风景、一段佳话、一种精神，与爱它的人达成共鸣。

也许我们在日常生活中选用丝巾，无法每一次都去了解丝巾图案背后的故事，但每一个图案由于线条、形状的组合不同，会给人以不同的视觉感受，而这一点正是我们需要好好掌握和运用的。

（1）直线图案。

这种类型的图案以条纹图案和格纹图案为典型代表，图案中的线条基本以直线为主。这类图案通常会给人以干脆利落的印象，非常适合在职场中表现干练、理性的职业形象。

如果你是一名会计人员，那么带有对称性或者规律性条纹、格纹图案的丝巾非常适合你，会给人以做事有条理、秩序感很强、稳重可靠的职业印象。

如果你是从事创意行业的职场人士，那么带有不对称直线图形的丝巾更适合你，容易给人以打破常规、脑洞大开、个性十足、干练利索的印象。

（2）曲线图案。

曲线图案给人以柔和、优雅、女性化的印象。如果你倾向于选择中性化着装，那么利用带有曲线图案的丝巾为自己留一些女人味是不错的选择。例如，同样是一身黑色着装，花纹丝巾就会显得具有柔美女人味，而格纹丝巾就会增添帅气的味道。

当然，因为曲线给人以放松、随意的印象，所以带有曲线图案的丝巾更适合休闲的风格。如果你从事的是强调高效率的工作，就要谨慎选用曲线图案。

（3）豹纹图案。

豹纹一直是时尚界的宠儿。豹纹虽然都是由曲线构成的，但由于大家容易联想到豹的凶猛，豹纹图案尤其是黑白色豹纹一旦大面积出现，就会表现出强烈的力量感。在职场中，要少用豹纹图案，至少要控制使用面积，避免展现出强烈的攻击性和压人气势。

如果想让丝巾图案替我们表达想要传递的信息，就请确保丝巾能够成为视觉焦点。在职场中，搭配了图案缤纷的丝巾，就最好选择简单没有图案的服装款式，毕竟职场不是“花花世界”，让人眼花缭乱反而会降低你的职业感。如果你的图案混搭功力很高，那还是在工作

以外的休闲场合、社交场合大显身手吧！

例如，同样是格纹丝巾，与条纹裙搭配就会让别人的眼睛很忙，不知是该看衣服还是该看丝巾，当然就更顾不上看人了；与纯色衣服搭配，就显得主次分明，很容易就让别人的视线落在丝巾与人上，这才是带有图案的丝巾的正确使用方式。如果你是偏爱条纹服装的人士，建议选择素色没有图案的丝巾来搭配，效果会更好。

丝巾就像一个魔术师，我们可以根据自己的需要和心情去灵活选用。使用时，不要过于纠结丝巾的扎法，有时只要两边长短不一地搭在脖子上就很美，关键还是要熟能生巧——多用才是硬道理。

张燕魅力心语

（1）丝巾能够成为你最有品位的个性签名。优雅女性需要得体地把握好装扮的度，既不能过于随意，也不能珠光宝气。使用一条合适的丝巾，一切就都刚刚好。

（2）你的衣橱里少的不是一件衣服，而是几条丝巾。用投资一件衣服的钱去添置几条丝巾，就足以让你原有的衣服使用效率翻倍，这样的投资你值得选择。

（3）用好丝巾是从掌握丝巾的色彩表达与图案表达开始的。

（4）丝巾就像一个魔术师，我们可以根据自己的需要和心情去灵活选用。

魅力修炼第 9 天：丝巾搭配

第一步：采购丝巾。

（1）如果是在职场中使用丝巾，推荐以 90cm × 90cm 尺寸的方巾为主，最容易实现与外套搭配的各种扎法。45cm × 160cm 尺寸的长丝巾则更适合日常休闲场合或者社交派对。

（2）如果是在职场中使用丝巾，推荐首选真丝材质，最能体现精致优雅，也更有品质感。

（3）同一套衣服搭配不同颜色和图案的丝巾就能打造出不同的形象，所以多准备一些各色各样的丝巾是必须的。

第二步：选用丝巾。

根据当天的服装颜色和想要体现的风格来选择颜色和图案合适的丝巾。

（1）选择与服装同色系的丝巾，可以塑造柔和的美感；选择与服装撞色的丝巾，可以提高醒目度。

（2）根据繁简搭配的原则选用带有图案的丝巾或无图案的纯色丝巾。总之，保证服装和丝巾其中一方是简单的纯色系就肯定不会出错。

第三步：掌握扎法。

先学会 3~5 种丝巾扎法，再每周循环使用这几种扎法，坚持一个月，你就能变身丝巾达人。

自我修炼计划表

魅力修炼：丝巾搭配	完成情况	修炼感悟
采购丝巾		
选用丝巾		
掌握扎法		
给今天的自己一句正能量的话：		

Part 4

举止修炼：
赢在举手投足间

10　美姿美仪展风采

《礼记·曲礼》云："夫礼者，自卑而尊人。"礼的实质在于对自己卑谦，对别人尊重。是的，俯下身的尊重比站直了的傲娇更具有力量。

这是一个只有两分钟的世界，一分钟展示给人们你是谁，另一分钟让他们喜欢你。相比说了什么，怎么做的更让人记忆深刻。一个无意中的眼神，一个不经意的微笑，一个细微的动作，就可能决定别人对你的认知，产生好感或者厌恶。调查显示，给一个陌生人留下了什么样的印象，90% 来自你们见面的最初 4 分钟，而其中有 2/3 来自无声的肢体语言。因此，当一个人没有对你产生好感或者好印象，可能并不是你说话失误，也并非着装不得体，或许就是你的动作出卖了你的思想、品位和内涵。

很多时候，在你还没有开口之前，你的仪态就已经作为第一声问候传达给了对方，第一印象就在这一瞬间形成了，而且会产生"首轮效应"。不过，美好的仪态语言绝不是一朝一夕可以形成的，它必须融进生活的细节，自然地表达出来，才能展现风采。现学现卖如同东施效颦，不如不做，无论怎样逼真的高仿货，最终都会被人看出破绽。因此，一定要把仪态训练扎根于生活当中，让它成为生活的一部分。

优雅的仪态是女人最华丽、昂贵的服装，尽管会有松弛的肌肤、下垂的眼睑、细细的皱纹，但只要一举手一投足都优雅从容，就仍能魅力四射。

|仪态是一种生活习惯|

电视剧里经常会说，“这一看就是大户人家的孩子”“一看就知道家教良好”。这些感觉就是从仪态举止中透露出来的。不是某个人宣扬自己家世显赫，就能获得人们的尊重，良好的礼貌素养和优雅的行为举止是从小就培养出来的一种生活习惯。

如果良好的仪态已经成为一种生活习惯，那么落座时一定会并拢双腿，下蹲时一定会侧向对方，握手时一定是热情而稳重的，邀请和指引时一定是动作规范、指向明确的……而且这些都无须刻意摆弄，全是自然而然的行为。

我曾在高铁上见到一个女人脱掉袜子将脚高高地跷在小桌板上，全然不顾下一位旅客还要用来阅读和就餐。那一瞬间，粗俗举止体现的正是她缺失的教养。

很多时候，仪态就是我们的一张名片、一封介绍信、一个交往通行证。有着良好的礼仪风范、于举手投足间蕴含优雅气质的女性，站、行、坐、蹲和手势等动作都如行云流水一般自然，如同好酒，味

道醇厚，令人沉醉。

得体的仪态是女人最宝贵的财富，它既不会随容颜衰老，也不会被情绪左右，是内涵的深刻表达。一旦形成习惯，任何时候都会站得挺拔、友好待人，就像一种条件反射。

随着年龄的增长，难免会有臀部下垂、手臂松弛等问题，但仪态越挺拔，精神就越年轻。因此，我们应该自律地管理自己的仪态，每天坚持运动 40 分钟，保持良好的身体状态。

特别介绍一个简单易行的仪态训练方法："11 点靠墙"。靠墙站立，让后脑勺、脊背、臀部和脚后跟呈一条直线，后脑勺靠墙，下颌微微收回，双腿绷直后尽力贴靠在墙上，脚后跟抵住墙，以手刚好能塞进腰和墙之间为宜——如果手塞进去后空间太大，可以将手放在背后，屈腿慢慢下蹲，直到腰与墙之间的空间刚好只可以放下一只手——站直，寻找挺拔的感觉。

| 最美风采看姿态 |

（1）亭亭玉立的站姿。

女性的站姿要端庄、自然、大方、稳重，不能像站军姿一样过于严肃和挺拔，导致无法在社交和商务场合营造轻松亲切的谈话氛围；也不能两手插在裤兜里，给人以不规范、不职业、不重视的感觉。

一般来说，站立时要身体站正，挺胸收腹，腰背挺直，两肩自然打开下沉，脖子舒展，头部摆正，双目平视，面带微笑，微收下颌，双臂自然下垂，两腿尽量并拢，身体重心放在两腿之间，肌肉略有收缩感。在与人交流时，可用右手轻握左手放在腰际，手指自然弯曲，看上去比较轻松自然，站立时间较长时，可两手换握。

女性的站姿有三种脚步姿态。

第一种是八字步，脚跟并拢，脚尖分开呈 45 度夹角。

第二种是丁字步，也就是在八字步的基础上，将左脚放在右脚的 1/2 处，两脚呈 45 度夹角，这是左脚丁字步；右脚丁字步就是将右脚放在左脚的 1/2 处，两脚呈 45 度夹角，注意身体重心要放在前脚掌上。

第三种是 3/4 步，将一只脚的脚跟靠拢在另一只脚的 3/4 处。在相对正式的场合，选择丁字步较为合适，不仅能在拍照时显得双腿修长，而且可以纠正两腿站直有缝隙的问题。

站立时需要注意细节，一些不雅观的姿态会令个人形象大打折扣。

第一，不能倚靠在柱子、墙壁或桌子旁。这样看上去非常萎靡不振，连自已的身体都支撑不住，又如何能让领导和客户信赖。除非身体情况不允许，否则不要借助外力站立，毕竟健康明朗的形象是优雅仪态的基础。

第二，任何时候都不能双腿分开站立，也不能把一只脚踏在台阶或物体上。这样看上去粗鲁、随意、没教养，是女性站姿的大忌。

第三，不能在站立时抖动腿或晃动上身，也不能两腿交叉。这样看上去为人轻佻无礼、做事漫不经心。

第四，不能做过多的小动作。很多女性在与人交谈时会不自觉地摆弄衣角、抚摩发梢，这样的动作看上去非常拘谨、怯生生，像需要别人保护的小女生，在生活中显得比较可爱，但是表现在职业女性的身上，就会让人觉得不够成熟老练，被客户或领导评价为“可爱”可不是好事情，这意味着你是孩子气重、不堪重任的人，在工作场合是无法被人尊重和信赖的。还有诸如摆弄手指、笔等小动作也是不可取的，过多的小动作会让人感到你心不在焉。当手中没有东西时，可以将双手轻握放在腰际。如果手里有东西，则应该端正拿好。

第五，不能双手抱在胸前或叉腰。无论男女，双手抱臂都是一个抵抗和防御的消极姿态，很难让交谈对象感觉亲切放松。双手叉腰则是一种在潜意识中带有挑衅或者侵犯意味的姿态。

第六，不能含胸、驼背、弯腰。有些女性总是担心挺胸直背会使丰满的胸部过分惹眼，殊不知，刻意的掩盖才会吸引大家的目光，其实，站得挺拔自信只会让大家关注整个人的气质和素养，而不会过分关注身体的某个部位。因此，大方地展示女性的曲线和仪态吧，它是优雅、大方形象的重要组成部分。

（2）优雅稳健的走姿。

女性走路时要目光平视，头正颈直，将头从颈部向上伸，仿佛有一根垂下来的线在牵引，肩部下沉放松，挺胸时尽力伸展脊背、腰部和脖颈，同时收回腹部，将臀部收缩提升，两臂自然下垂并从腰部以下前后摆动，动作要保持平稳。

要想有优雅稳健的走姿，可以在日常生活中反复练习优雅走姿的基本动作要领。

第一，练习腰部力量。行走是全身协调性运动，腰部的控制力是至关重要的。练习时，双手叉在腰部，脚背绷直，正步行走。

第二，练习背部和脖颈力量。在头顶上放一本书，走路时保持脊背伸展和头正、颈直、目平，起步时，身体略向前倾，身体重心随着步伐变动始终落在前脚掌上，在前脚落地、后脚离地的瞬间伸直膝盖，脚步落下时放松膝盖，步频为每分钟 100~120 个单步。

第三，练习脚步力量。在地上画一条直线或利用地板的缝隙进行练习，两脚内缘的着力点落在直线两侧，保持行走轨迹的稳定性。需要注意的是，内八字和外八字都是不可取的。

第四，练习全身协调性。将一本杂志放在头顶，在上身不过分扭动的前提下，从腰部开始用力，自然而有节奏地带动臀部，不疾不徐地行走；面部保持亲切的微笑，目视前方，不要把视线落在地上，用余光看地面即可，不可低着头走；将脚自然地平伸出去，用前脚掌着地，步伐要矫健、轻盈、富有稳定的节奏感，切忌拖拉、沉重。

（3）端庄大方的坐姿。

女性应从座位的左侧入座，右脚后退半步，感觉到椅子的位置后，用右手手背整理裙子，轻盈地落座。起身时，也是从左侧离座。坐着的时候，要膝盖并拢，腰脊挺直，双手自然叠放在一条腿上，背部直立，不能完全倚靠在椅背上，坐满椅子的 2/3 即可。

在正式场合和社交场合，女性可以采用两种坐姿。

第一种：正位坐姿。

落座后，身体重心垂直向下，双腿并拢，大腿和小腿呈 90 度夹角，双手虎口相交轻握放在左腿上，挺胸直腰，面带微笑。

在比较庄重的场合应该采用正位坐姿，比如观看重要演出、出席重要会议等。

第二种：双腿斜放式坐姿。

落座后，身体重心垂直向下，双腿并拢，大腿和小腿呈 90 度夹角，平行斜放于一侧，双手虎口相交轻握放在腿上——如果双腿斜放于左侧，双手就放在右腿上；如果双腿斜放于右侧，双手就放在左腿上——挺胸直腰，面带微笑。

这是女性最得体、优雅的坐姿，适用于任何场合。拍照、录像时，采用这种坐姿，更为上镜。

仪态如古玩一般经得起把玩和琢磨，其散发出的端庄气质令人回味。

纪亚飞魅力心语

（1）美好的仪态语言绝不是一朝一夕可以形成的，它必须融进生活的细节，自然地表达出来，才能展现风采。

（2）很多时候，仪态就是我们的一张名片、一封介绍信、一个交往通行证。

（3）得体的仪态是女人最宝贵的财富，它既不会随容颜衰老，也不会被情绪左右，是内涵的深刻表达。

魅力修炼第 10 天：美姿美仪

第一步：靠墙站姿练习。

靠墙站立，让后脑勺、脊背、臀部和脚后跟呈一条直线，后脑勺靠墙，下颌微微收回，双腿绷直后尽力贴靠在墙上，脚后跟抵住墙，以手刚好能塞进腰和墙之间为宜——如果手塞进去后空间太大，可以将手放在背后，屈腿慢慢下蹲，直到腰与墙之间的空间刚好只可以放下一只手——站直，寻找挺拔的感觉。

第二步：优雅走姿练习。

走路时，目光平视，头正颈直，将头从颈部向上伸，仿佛有一根垂下来的线在牵引，肩部下沉放松，挺胸时尽力伸展脊背、腰部和脖颈，同时收回腹部，将臀部收缩提升，两臂自然下垂并从腰部以下前后摆动，动作要保持平稳。起步时身体应微向前倾，身体重心随着步伐变动始终落在前脚掌上，步频为每分钟 100~120 个单步。

第三步：端庄坐姿练习。

从座位的左侧入座，右脚后退半步，感觉到椅子的位置后，用右手手背整理裙子，轻盈地落座。起身时，也是从左侧离座。坐着的时候，要膝盖并拢，腰脊挺直，双手自然叠放在一条腿上，背部直立，不能完全倚靠在椅背上，坐满椅子的 2/3 即可。

自我修炼计划表

魅力修炼：美姿美仪	完成情况	修炼感悟
靠墙站姿练习		
优雅走姿练习		
端庄坐姿练习		
给今天的自己一句正能量的话：		

11　举止得体增魅力

举止语言学大师伯德惠斯戴尔的研究成果表明，在沟通过程中，65% 的信息是通过举止来表达的，举止的信息负载量远超有声语言，比有声语言更具有真实性，能够将有声语言不能表达的情感很好地展示出来，甚至比有声语言更为生动、贴切。

举止既是一个人道德修养、文化水平的集中体现，也是情感交流传递的有效方式。在人际交往过程中，需做到举止有度、得体大方、温文尔雅。得体的举止如百合般高贵、莲荷般素雅、红酒般醇香，令人心旷神怡、回味无穷。

有一次，我去医院检查身体，坐在诊室门口的椅子上等候时，突然一首广场舞曲响了起来，一位三十五六岁的女子接起电话，生气地大叫道："又被老师批评了吗？还是留在教室重写作业吗？"挂断电话后，她向正在开着音效玩消消乐的丈夫大声地说："娃娃又被老师批评了，留在教室重写作业呢！"男子头也没抬地说了一句："批评就批评呗！"看了看继续打游戏的丈夫，她也拿出手机开始玩消消乐。几分钟后，男子起身说："我出去转转。"看着他迈着八字步、晃着肩膀扬长而去的身影，我已能确定他们的孩子一定是行为习惯较差、缺乏自控力的调皮孩子。因为父母的言行举止就是孩子最好的榜样，在这样的“榜样”带动下成长，经常被老师批评、需要重写作业便不足为奇了。

可见，从一个人的举止中，可以窥见其内心世界，了解其文化修养和家庭氛围。举止不端庄，即使长得国色天香、身穿绫罗绸缎，也会缺乏整体的和谐与内在的风度。

| 举止得体滋养气质 |

据《史记·外戚世家》记载，汉武帝有两位非常美貌的妃子，一位叫尹婕好，一位叫邢婧娥，据传邢婧娥更为美貌。因为担心两人闹矛盾，汉武帝下诏不准她们相见。有一天，尹夫人向汉武帝提出请求，想看看邢夫人到底有多漂亮。汉武帝无奈答应了，可却让另外一个夫人梳妆打扮后冒充邢夫人，并带着几十个宫女去和尹夫人见面。尹夫人上前看了看，说：“这个人绝对不是邢夫人。”汉武帝问：“你怎么知道？”尹夫人说：“我看她的相貌仪态，不是一个能配得上陛下的人。”于是，汉武帝叫邢夫人穿旧衣服独自来见尹夫人。尹夫人远远看见就说：“这才是真的邢夫人啊！”说完便低头俯身痛哭起来，感叹自己不如邢夫人。这就是成语“尹邢避面”的典故。

可见，一个人真正的美在于刻于骨骼里的一举一动，得体的举止能够滋养出优雅的气质。因此，即使邢夫人未着华服，也能通过优雅的仪态让尹夫人自愧不如。

得体的举止建立在规则意识之上，需要通过在日常生活中不断实践才能强化成习惯。

在2016年首届丝绸之路（敦煌）国际文化博览会上，由我指导的46名礼仪小姐身着橘色礼服笑靥如花，热情大方地完成了任务。她们的端庄挺拔、落落大方、优雅得体吸引了众多的镜头和目光，赢得了中外嘉宾的高度赞誉，成为会场中一道亮丽的风景线。在国际盛会的舞台上，她们无法用语言来展示自己，只能用较高的专业素养展露自信的微笑、优雅的站姿、柔美的指引手势，而这背后是她们付出的心血和汗水。

学员给予我最多的赞美是："张老师，您的气质真好！"我由衷地感谢这些赞美我的人，因为他们让我更加努力地用得体的举止来滋养气质，无论什么场合都保持挺拔的身姿，为做出的每个动作赋予灵魂。

我的女儿有一张广受好评的照片，照片中的她摆出了一个标准的礼仪坐姿——上身挺拔，双腿双脚并拢，脚后跟微微抬起，双手叠放在大腿上。关键在于当时她刚满5岁，拍照时我只说了一句"宝贝看镜头"，没有给她任何拍照姿势指导。我很喜欢这张照片，当时就发到了朋友圈，结果得到了好几百个点赞，很多人留言说"宝贝好优雅""妈妈不愧是教礼仪的""从女儿身上看到了妈妈的影子"。

我的女儿从3岁半开始学习儿童礼仪，并且经常听我的礼仪课——因为坚持自己多带孩子，我经常带着她出差培训——我们约定好，我讲课时，她在教室后面的角落里看书，但我发现每一次她都会被我们的课堂内容吸引，她说觉得学礼仪很有趣。所以，那个自然摆出的标准坐姿便是在我的课堂上学到的。

看来，对孩子来说，如果从小成长在温馨和谐、幸福快乐、知书达理的家庭中，举止得体这颗种子便会被深深种在意识里，并随着年龄的增长自然开花、结果，举手投足都沁人心脾。

举止是魅力的加分器，在生活、工作和社交中，品位出众、举止得体、注重礼仪的人往往最引人注目。要想成为受欢迎的人、受尊敬的人，就要不断提升自己的魅力和修养，一举一动、一颦一笑，都要带给他人悦目之感。

| 不同场合，举止同样得体 |

得体的举止并非是由某一个人规定的，而是经大多数人落地实践并充分认可而产生的。很多时候，人际交往属于“一面之交”，完全靠第一感觉互相评判，如果举止总是欠妥，纵使以后再怎么努力，也难以抹去对方心里的阴影。

我常常在课堂中和学员分享这样一句话：“仪态举止如同你的着装，不同场合需着不同的服装，仪态举止亦如此。只有在不同的场合做出应景的仪态举止，才能让你在任何场合都游刃有余。”

（1）商务场合的举止特点。

商务场合需要塑造良好的形象，着装通常以正装为宜，女士应化淡妆，体现出职业修养与专业风范；言谈要严肃讲究，与他人打招呼时，不能无称呼，也不能使用替代性称呼（“下一个”“喂”）、地域性称呼（“师傅”“小鬼”），更不能称兄道弟、过分套近乎；行为举止要得体干练，站得挺拔舒展，走得轻盈稳当，坐得端正大方。

（2）社交场合的举止特点。

社交场合比商务场合略显轻松，着装需做到应景，女士应化略浓于商务场合的妆容，体现出个人修养与独特魅力；言谈要轻松但应有度，不要随意打听对方的年龄、收入等隐私问题；行为举止应与服装匹配，女士以凸显柔美为宜，可采用交流式站姿——小丁字步，双手虎口相交，手腕下压端起，四指微微弯曲，走姿注重轻盈优美，坐姿注重舒适得体。

（3）休闲场合的举止特点。

休闲场合的着装较为随意，可以完全凸显个人风格；言谈宜幽默亲和，无须讲究太多礼节，否则会带来拘谨、做作之感；行为举止可以随意一些，让人感觉和谐、舒服即可，站姿不必像在商务场合和社交场合中那么挺拔端庄，坐姿可完全倚靠椅背，将身体放松。

总之，在不同场合的举止都需做到应景、得体，在商务场合和社交场合不会因失礼而带来尴尬，在休闲场合也不会因拿捏过度而让人感到不适。当然，这需要在日常生活中不断修炼，才能得体应对各种场合。

| 得体举止四要素 |

（1）自然。

得体举止应如行云流水般自然，行止自如，不矫揉造作，不呆板局促，才能带给别人真诚和朴实之感，而不是作秀一般的过度拿捏。

微笑应发自内心，不强颜，不堆满；眼神应柔和温暖，不锐利，不挑剔；身姿应挺拔端庄，不随意，不歪扭；手势应优雅，不指点，不吝啬；坐姿应得体，不懒散，不敞腿。

（2）得体。

选对的、选你的，而不是选贵的、选别人的，方能得体。举止符合身份、适应场合、顺应情景，便是得体。每个人的举止不仅代表个人形象，还代表单位形象，甚至代表国家形象，因此，一举一动必须符合身份和规则。尽管在不同的场合有不同的举止礼仪要求，但只要心中明确自己的身份、角色，牢记场合、情境规则，就可以做到得体。

（3）文明。

文明是举止得体的前提，是举止优雅的基础，建立在修养之上。简单来说，就是要养成文明礼貌的习惯，遵守公共秩序，讲究公共卫生，保护自然，尊重他人。对女性来说，在公共场合要特别注意自己的文明形象，站立、下蹲、坐下时不敞开双腿，过马路时不闯红灯、强抢道，不随意吐痰、大声喧哗……

（4）优雅。

一谈到芭蕾舞者，人们就会想到优雅，挺拔的身姿和细长的脖颈如天鹅一般美丽。优雅可以说是举止的最高境界，是精神境界、文化品位、道德修养的综合体现，要求在符合一般规则的基础上追求高尚脱俗、典雅自如，在行走坐立、神态表情中都展示出不同凡响。这需要加强自身修养和实践磨炼，才能使优雅内化于心、外化于形。

幸福源于自己对生活的精致经营和对自己的不断修炼。“播下行为的种子，你会收获习惯；播下习惯的种子，你会收获性格；播下性格的种子，你会收获一生的命运。”从现在开始，文明你的行为，优雅你的举止吧！

张晓玉魅力心语

（1）从一个人的举止中，可以窥见其内心世界，了解其文化修养和家庭氛围。举止不端庄，即使长得国色天香、身穿绫罗绸缎，也会缺乏整体的和谐与内在的风度。

（2）举止是魅力的加分器，在生活、工作和社交中，品位出众、举止得体、注重礼仪的人往往最引人注目。

（3）幸福源于自己对生活的精致经营和对自己的不断修炼。

魅力修炼第 11 天：举止魔法

第一步：行为举止得体。

每天都将发自内心的微笑挂在脸上，时刻使用礼貌的语言，主动帮助需要帮助的人，行走坐立都应符合你的身份角色和场合要求，让得体融入你的血液和骨骼中。

第二步：养成文明习惯。

注意自己的形象，遵守公共秩序，按序排队，不乱丢垃圾，不随地吐痰，不在公共场合补妆、大声喧哗。不做生活的急行人，只做文明的践行者。

第三步：传递正面能量。

每天清晨，对着镜子大喊一声："亲爱的，你很棒，加油！"用愉悦的心情为自己化上精致的妆容，穿着适合自己身份和今天所到场合的衣服，将满满的正能量传递给周围的所有人。

自我修炼计划表

魅力修炼：举止魔法	完成情况	修炼感悟
行为举止得体		
养成文明习惯		
传递正面能量		
给今天的自己一句正能量的话：		

12 镜头前的身体魔法

所有人都想用镜头留住美好、留下记忆，在时光逝去后找回满心欢喜、体会回味无穷。随着人们对美的要求越来越高，修图软件十分受欢迎。其实，拍照有很多讲究和技巧，突出某些身体部位、展现某些身体姿态等，就能得到不亚于修过图的漂亮照片。

| 凸显魔法的身体部位 |

（1）性感的锁骨。

锁骨是一个非常特别的部位，可以显露出性感的气质。即使体格比较健壮的女人，也会因有漂亮的锁骨而显得身形苗条。很多服装品牌将小露锁骨的 U 型领口正装作为主打产品推向市场，当下流行的婚纱款式也趋于突出锁骨的美，可见锁骨对时尚的重要性。

在日常生活中和镜头下，想让锁骨线条光滑、轮廓清晰，必须保持挺拔的站姿，双肩打开下沉，脖颈向上拉伸，方可让锁骨凸显。此外，还可以选择一些能让锁骨展露的领型，增加骨感之美。

（2）柔美的手腕。

自古以来，手腕一直隐藏着女性别致的风情，有一种不可言传的介乎坚韧与柔弱之间的美感。舞动的手腕、灵动的手指、优雅的身形，展现出来的艺术之美常常让人赞叹不已。一旦给手腕赋予灵动之感，女性的柔美气质就会更加明显。

想要拥有柔美的手腕，每天都应轻柔地按不同的方向转动手腕，让其更加灵动和优美。在拍照时，轻轻压下手腕，端起手指，就能显示出女性特有的柔美。如果能在手腕上戴与整体服装、个人气质相匹配的饰品，就可谓锦上添花。

（3）圆翘的臀部。

人体最优美的线条就是腰身到臀部的“S”形曲线。臀部在女性健美中占有不容忽视的地位。圆翘的臀部能使女性形体更富魅力，在拍照时留下有曲线的倩影。

最早认识到女性臀部曲线美的是古希腊人。最有名的“维纳斯美臀”塑像是按照当时代表自由与美的女神阿佛洛狄特两姊妹的样子塑造的，她们都因拥有完美的臀部曲线而闻名整个希腊，现在所说的“不可诠释的维纳斯”讲的就是她们。

要想拥有美丽的“S”形曲线，必须在日常生活中养成良好的提臀习惯，站立时始终保持挺拔仪态，收紧小腿、大腿的内侧肌肉和臀部肌肉。亚洲人是上肢长、下肢短的体型，加之地球引力的作用，如果臀部一直处在放松状态，就会下垂得很厉害，所以，只有养成良好的提臀习惯，才能使臀部肌肉更加紧实、曲线更加突出。

（4）修长的腿部。

腿在人体部位中占据着非常重要的地位。腿部修长会让整个人显得高挑，身体线条更加优美。尽管时装潮流不断变化，但旗袍一直常盛不衰，依然是最具东方女性魅力的服饰，而这正是因为旗袍的侧开叉能让曲线优美的双腿时隐时现，为女性柔美增添了不少欲说还休的神秘魅力。

要想拥有美丽的双腿，可以用高跟鞋修饰腿型，让腿部支撑点后移、脚踝拔高，自然地拉长腿部曲线。

（5）立体的脸部。

脸部是每个人独有的标志，脸型、五官、比例不同，呈现的个人形象气质也就不同。拥有完美脸型极不容易，需要养成非常好的生活习惯，比如咬东西左右平均分配，睡觉保持左右翻身，让脸部维持同样的受压。

精致的瓜子脸是最受东方女性喜爱和追捧的脸型，这种脸型非常上镜。要想使面部更有线条感和立体感，可以通过后天保养来塑造和锻炼肌肉，还可以通过化妆来修正先天脸型的不足。

| 增强美感的身体姿态 |

要想在镜头下呈现美感，就要掌握将身体摆出最美姿态的关键要点。

（1）拉长身体曲线的姿势。

①侧点式。

侧点地的动作要点是用腿部力量支撑腰线呈现左右收缩的状态，以便在正面拍照时形成花瓶形体。左腿作为主力腿保持重心平衡，右脚尖踮起，提起胯部，上肢放松，可以自由组合各种手部美姿，或单手叉腰，或手轻扶肩，但注意不要同手同脚。

②剪刀式。

剪刀腿看似慵懒随意，其实大有乾坤，可以将高跟鞋美化腿部的“功力”发挥到最大，简单一站就能显高显瘦，所以通常是街拍达人最爱的姿势。

剪刀腿的动作要点在于充分利用小腿的力量，使脚尖、脚背尽量成为一条直线，拉伸腿部肌肉，线条变得修长。

③交叉式。

双腿交叉站立，一脚在后，一脚在前，前面的脚须绷直脚背，两腿膝盖都要绷直，双手叉腰或单手轻轻插兜，身体略微向侧边倾斜，可在镜头前显高显瘦。

④分立式。

双腿分开站立，身体重心下移，让双腿均匀受力，使上半身充分放松，腰部可以随腿部支撑向前、后、左、右略微倾斜，使身体在镜头里形成不同的曲线，可配合不同的分立式站姿变换手部美姿，较为经典的就是高低叉腰。

⑤前伸式。

两腿略微分离，选择一条腿为受力支撑点，其他部位放松，双手自然垂放，重点是腰部应向受力腿一侧发力，让身体随着受力点产生向上或向下的拉伸力，使姿势更具线条感。

（2）体现端庄优雅的姿势。

①站姿。

最具魅力的拍照站姿是正立式站姿，可采用正脚位平行步或小 V 字步。可以双手虎口相交，拇指内扣，四指微微弯曲，置于腹前；也可手腕下压端起，轻贴于腰际。

②坐姿。

拍照时，应根据自己的着装和出席的场合选择正坐式、斜放式和斜搭式坐姿。这几种坐姿都需要并拢膝盖，大腿和小腿之间的夹角要大于或等于 90 度，才能将腿部曲线拉长，如果小于 90 度，腿部就会显得非常粗短。此外，上身要保持直立，可以双手虎口相交，自然放在左腿大腿 1/2 处；也可根据着装、场合的特色选择其他手部姿势，比如喝下午茶时，可以手拿精致的茶杯摆造型。

张晓玉魅力心语

（1）拍照有很多讲究和技巧，突出某些身体部位、展现某些身体姿态等，就能得到不亚于修过图的漂亮照片。

（2）拍照时，应根据自己的着装和出席的场合选择合适的姿势，才能拉伸身体曲线，凸显美感。

魅力修炼第 12 天：身体魔法

第一步：肩部拉伸训练。

每天保持挺拔身姿，双肩打开下沉，脖颈拉长，凸显锁骨。可采用眼镜蛇式练习法，身体平贴在垫子上，双手支撑上身，指尖朝前，保证下腹部紧贴在垫子上，颈部后仰，使脊椎弯成 C 型，保持 30 秒。这个动作对颈部的伸展和锁骨、肩头的塑形效果极好。

第二步：手部灵活训练。

每天翻转手腕、做手指操，让手腕灵活优雅、手指纤细柔软。

手指操：将大拇指、食指、中指、无名指、小指依次用力向掌心靠拢再移开，每个手指做 4 个八拍；将双手指尖相对，逐渐将手指向内侧压，直到到两个手掌完全贴合，做 4 个八拍。

第三步：臀部曲线训练。

每天坐的时间不宜过长，如果久坐，一定要每坐 1 小时就站立 10 分钟左右。站立时，需保持大腿和小腿内侧肌肉、臀部肌肉收紧的状态。每天抽出 3 个 10 分钟，专门做提臀训练。

第四步：腿部塑形训练。

每天坚持用半脚尖站立 10 分钟，一共做两次，每次 10 个八拍，每个八拍需完成一次脚后跟快提慢落。反复练习这个动作，不但可以使脚踝变得更细、腿部线条更流畅，还可以提臀。

第五步：面部轮廓训练。

每天坚持用同等的时间使用左右两边脸颊咀嚼食物，使面部肌肉对称；睡觉时不要固定一个姿势，而要左右均衡翻身，并保证在每天起床后活动面部肌肉。

自我修炼计划表

魅力修炼：身体魔法	完成情况	修炼感悟
肩部拉伸训练		
手部灵活训练		
臀部曲线训练		
腿部塑形训练		
面部轮廓训练		
给今天的自己一句正能量的话：		

Part 5

语言修炼：声声入耳最动听

13 语言的力量

法国人文主义思想家蒙田在《随笔集》中写道："语言只是一种工具，通过它，我们的意愿和思想就得到了交流，它是我们灵魂的解释者。"

无数历史证明，语言可以唤醒人们沉睡的思想，甚至可抵万马千军。在现实生活中，语言的力量亦无处不在。

2020年，《演员请就位》第二季开播，最为人津津乐道的不是演员们的表演，而是评委们的精彩点评。

童星曹骏在一轮表演结束后，得到的成绩是评级的最后一名。自幼成名的他在长大后面临着无戏可拍的尴尬境地，再加上参赛排名垫底，难免心生退意。他问评委："我到底还适不适合做演员？"

陈凯歌答道："我从来没把你看成第40名，什么S级、A级、B级，在我眼里都不作数，没什么价值可言。我们只是遵守游戏规则，但不意味着我们看重这个。我们看重的是你们在这个舞台上能够真正心满意足地得到发挥，能够有真正的进步，能够知道表演到底是什么。"

这段话明显触动了曹骏，也触动了台上的其他演员，甚至触动了屏幕前的每一个观众。这是不着痕迹的安慰，更是不动声色的鼓励。这，是语言的力量。

我有一位学员是一家科技公司的高管，她的女儿向我抱怨：“为什么妈妈会对我说‘你如果不能在这次钢琴比赛中拿到前三名，那你就是白学了’这样的话？”小女孩的表情非常苦恼，还带了一些犹疑和自卑。瞧，一位妈妈用语言的力量伤害了自己的女儿。这句话根本不是她的本意，她只不过想通过这样的言语刺激让女儿更努力。可惜的是，违背自己内心的语言并不能达到预期的目的，反而会产生反作用，摧毁一个孩子脆弱的心。

语言的力量可似春风般温柔，好像妈妈做好饭菜，温柔地说：“伢儿，今天做了你最爱吃的糖醋排骨，一块都不许剩……”

语言的力量可如夏日般火热，如同情侣互相凝视，深情地说：“我爱你，如尾生抱柱，至死方休。”

语言的力量可似秋风般爽利，就像做完述职报告，干练地说：“感谢各位的聆听。路漫漫，求索不止。”

语言的力量可如冬日般寒冷，如同妈妈训斥孩子，冷漠地说：“我宁愿没有你这样的孩子！”

俗话说，言由心生。语言运用的最高境界不是能够出口成章、引经据典，而是不论面对鸿儒或白丁，都能让对方理解你想要表达的一切并能感同身受。

| 了解自己的内心诉求 |

每个人都会说话，有的人滔滔不绝，可说得太多反而让人不知所云；有的人惜字如金，但一开口便能直抵人心。

在我们的儿童礼仪讲师团队中，有很多人都是妈妈，她们非常困惑——如何在做好自己事业的同时照顾好孩子。对此，儿童礼仪讲师团队的导师纪亚飞说："让妈妈和宝贝共同成长、各自美好。"这句短短的话点醒了很多妈妈，尤其她们看到纪老师的儿子"毛豆"小小年纪就非常独立、有礼，更加坚定了"只有妈妈做好自己，孩子才能更好成长"的理念。

话不在多而在精，只有了解自己的内心诉求，才会朝着这个方向说出相应的话语。在社交场合，简洁精炼、思路清晰的语言会为你的形象加分，也能让倾听者快速地理解你的想法，并给出相应的回应。

那么，如何才能说出既符合内心诉求，又简练、清晰、有条理的语言呢？不妨试试以下方法：

（1）提出自己的诉求。简单来说，就是明确说出你想做什么事情。注意一次只说一个诉求。

（2）认清诉求的意义。思考如果这件事情实现了，你会得到怎样的改变。

（3）明确需要的帮助。思考实现这件事情，除了自己努力之外，你还需要得到哪些帮助。

（4）提炼诉求的核心。迅速提炼出要说话语的主题和核心，分层、分点表达出来。

语言是心灵的门户，是思想的外衣。心动则言达，言达则事成。从现在起，让语言成为你的助手，既能上阵杀敌，也可暖人心脾。

|运用沟通技巧打动人心|

中国有句老话："酒逢知己千杯少，话不投机半句多。"只有说话的双方都认可和肯定对方时，才能实现有效沟通。

前些年，我想买房，便去一家房产中介公司了解信息。一位中介人员一见到我，就问我想买总价多少钱的房子。我说了心理预期价位后，他开始滔滔不绝地为我介绍房源。听他介绍了七八套以后，我礼貌地笑笑，离开了那家房产中介公司。

这位中介人员确实非常专业，对公司的所有房源都烂熟于心，对各个房源的周边配套也如数家珍，但这些都没能打动我找他买房子。因为他没有向我了解除了心理预期价位以外的任何重要信息：房子有多少人住，对物业服务、周边环境的要求是什么……由于不是有效的沟通，他的侃侃而谈在我眼里便成了浪费时间。

其实，很多人都没办法在沟通中有效地发挥语言的力量。原因很简单：缺乏沟通技巧。运用实用的沟通技巧，语言才会具有强大的正向力量。只有知道对方是谁、心里想的是什么，才能因人而异地说出既忠于自己又愉悦对方的话。

（1）高效能沟通四步法。

第一步：模仿。

沟通模仿包括语速模仿、语调模仿、肢体语言模仿、语言习惯模仿。

在沟通过程中，模仿需要感同身受地理解、认同对方，传递与对方的立场、情感一致的信息。比如，当我们的身体姿态与对方保持一致时，就能传达出“我们是一条战线”的亲密感受。

第二步：复述。

复述就是将对方分享的内容进行提炼，重复说出对方的核心信息，让对方确认并进一步解释。

第三步：感性描述。

在沟通过程中，关注对方的感受，并运用感性描述表达感同身受，才能与对方达成情感共鸣，提高沟通的成功率。

在人际交往中的沟通是有层次的，随着关系由浅到深，沟通从打招呼，到聊事实，再到谈想法、说感受，最后才能达到敞开心扉的深层沟通状态。

第四步：先跟后代。

在沟通过程中，当双方的观点不同的时候，先跟后代是较好的沟通方式，表达核心是“我不是在否定你的观点，只是也有一些自己的观点”，通常使用的句式是：“你说的很对，同时我也认为……”切忌使用“但是”“不过”这类否定性词语。

运用高效能沟通四步法，能让你的语言充满力量，在沟通过程中快速了解对方的内心、取得对方的信任并达成有效的沟通。

在日常生活中，可以先从以下几点来运用高效能沟通四步法：

①通过模仿对方的言行，试着了解对方的喜好。

②在对方的喜好中找出自己感兴趣的话题进行复述，并与对方深入探讨。

③关注对方在某一事件中的感受，并积极表达自己对这一事件的类似感受。

④从聊事实、谈想法、说感受循序渐进到与对方进行深层次的“交心”沟通。

⑤与对方观点不同的时候，积极运用“先跟后代”方法，既认真听对方的观点，又真实表达自己的观点。

（2）善用从众效应。

鲁迅说：“世上本没有路，走的人多了，也便成了路。”

人类的行为在很大程度上会受外界人群行为的影响，在个人的知觉、判断、认识上表现出符合公众舆论或大多数人认同的方式，以期与他人保持一致。这，就是我们所说的从众效应，简单来说就是“随大流”。

例如，我们逛街时遇到一个乞丐在前方乞讨，如果前面的行人都掏出钱给他，那么我们也会下意识地将手伸向口袋掏钱给他；如果前面的行人都不给他钱，那我们在很大概率上也会和他们一样低头离去。

其实，从众效应无处不在，就连选餐馆，大多数人也会选择人气旺的，以期将选错的概率降到最低。

在沟通过程中，可以将从众效应揉进语言中。当你试图通过语言去打动或说服对方时，可以以第三人或更多人为例，让对方认为既然其他人也做出了这样的决定，那么跟着做就不会有什么风险。

（3）实话未必要直说。

我曾看到过一个新闻报道：妻子买了一件新衣服，丈夫认为衣服不合适，直接说：“你的审美真是有问题，一把年纪了还穿这么鲜艳的衣服，弄得跟老妖婆似的。这件衣服扔了算了，千万别穿出去丢人现眼。”这样不留情面的话直接伤害了妻子的自尊心，妻子一怒之下便拉着丈夫到民政局离婚。

这件事虽让人哭笑不得，却引人深思：忠言是不是一定得逆耳？实话是不是一定要直说？看看这对夫妻的结果，谁都知道答案是否定的。

很多时候，委婉说话不仅是一种策略，更是一门待人处事的艺术。好心说出来的话未必就是好话，是不是好话取决于表达方式是否正确，能否令对方感觉愉悦。

前面提到的新闻报道中的丈夫如果说的是："你穿什么都好看，就是这件衣服稍微艳丽了，衬不起你优雅大方的气质，你可以有更好的选择。"试问他的妻子还会生气吗？当然不会！他的妻子不仅会接受他的观点舍弃那件衣服，而且最为关键的是会从内心觉得自信与愉悦。如此两全其美，何乐而不为？

这，就是实话直说与委婉说话的区别。没有人喜欢别人毫不留情地批评、打击自己。你会发现，当你找出一条理由直接指出对方的错误，对方一定会绞尽脑汁地找出十条理由来反驳，在沟通过程中，一旦让对方产生了这种抗拒心理，那么接下来的谈话就变得毫无意义甚至一塌糊涂。

赞美别人时可以直接，指出对方的错误时还是应该委婉。千万别让实话直说成为你的人际关系绊脚石。有时候，拐个弯说话，就会让你有不一样的收获：首先认同对方的动机，然后对对方的错误表示理解，最后给出更好的建议。只有懂得照顾对方的情绪，对方才愿意倾听并接受你的观点，你的愿望才有达成的可能。

（4）说好最后一句话。

在沟通过程中，要注意避免虎头蛇尾。实际上，最后一句话对沟通效果起着至关重要的作用，既可能将你精彩完美到无懈可击的前期铺垫毁于一旦，也可能将你因紧张而表达不清的糟糕效果扭转乾坤。

从现在开始，用心说好最后一句话。长此以往，你会发现，你的语言变得更有分量。

陈彦希魅力心语

（1）语言是心灵的门户，是思想的外衣。心动则言达，言达则事成。

（2）只有懂得照顾对方的情绪，对方才愿意倾听并接受你的观点，你的愿望才有达成的可能。

魅力修炼第 13 天：语言力量

第一步：思考自己真正的内心诉求是什么，并将其进行逻辑整理，确保提炼出最精要的语言。

第二步：分析能帮助你完成内心诉求的人是谁，需要这个人为你提供什么帮助。

第三步：找到这个人后，运用沟通技巧了解对方心中所想，找到共同话题与对方深入讨论，并获得对方的肯定。

第四步：选择适当的时机说出你的内心诉求，并留心观察对方的反应。如果对方在聆听时蹙眉、抱肩，意味着对方对你的观点产生了质疑，这时你需要立刻运用沟通技巧问出对方所疑并深入解惑。如果对方在聆听时面露微笑、频频点头，意味着对方肯定和支持你的观点，那么此时你的诉求已经完成了大半。

第五步：临门一脚，说好最后一句话。这句话可以是前面所有内容的总结，也可以是对未来的展望，还可以是引人深思的发问，甚至可以是建议对方做出的决定。

自我修炼计划表

魅力修炼：语言力量	完成情况	修炼感悟
了解自己的诉求		
掌握高效沟通四步法		
练习语言力量五步法		
给今天的自己一句正能量的话：		

14 说话的艺术

我常常会在傍晚开车下班的路上，打开熟悉的电台，听温暖的声音娓娓道来，就像与多年未见的老友相聚，温一壶香茶，斟一杯笑意。我静静地听着她悦耳的声音、温婉的话语，这一日的烦愁就在轻声暖语里渐渐消散。

说话的艺术能够体现气质和修养。为了保持魅力，我们买昂贵的保养品、化妆品，去美发沙龙做靓丽的造型，甚至做医美……然而，我们是否认真地听过自己说话的语调、音色、节奏和内容呢？

其实，说话有魅力是可以通过刻意练习来实现的。生活中所有的你来我往无不通过说话来传情达意。我们不求如苏秦、张仪为天下统一游说诸侯，但我们可以用语言传递出对他人的在意与关爱，温暖更多人的心灵。

是否有能力表达自己，让听的人正确理解，取决于积累了什么样的语言储备、运用了什么样的语言表达，这对提升人际关系、创造表达价值至关重要。做一个受欢迎且能给他人传递价值的人，从掌握说话的艺术开始，一开口就能令世界变得美好。

| 第一步：对方展示易切入 |

语言是为了让我们能与他人有连接才存在的，说话的目的是表达自己、影响他人，价值在于让人们互相关怀、彼此赋能。

生活中的对话线索有很多，只要用心观察，找到话题切入点，就能事半功倍。

一般来说，微信朋友圈里的内容——反复出现的某个爱好、极力推荐的某一产品，办公桌上展示的物品——与成功人士的合影照、家人的照片，就是对方最乐意谈论的话题，可以借此切入想谈的话题。

| 第二步：专业术语通俗化 |

在沟通过程中，要多讲有意义的话，减少不必要的能量耗费。

例如，航空界将“1”发音为“幺”、将“2”发音为“两”、将“0”发音为“洞”，将“7”发音为“拐”，可是如果旅客问空姐“航班号是多少”，空姐彬彬有礼、专业范儿十足地说：“您好，此次航班是两幺洞拐（2107）。”那么恐怕旅客不仅听不懂，还会想要投诉空姐故意刁难。

说别人听不懂的话，不是专业的体现，只是彰显区别而已。善意的说话者的信息表达一定会基于对方的理解能力，有能力的说话者更是能将专业术语用通俗的语言解释清楚。

|第三步：身在对面心相连|

每个人都喜欢聊自己，希望被关注和关心。在沟通过程中，尽量控制在谈话中说“我”字，想说“我”时可以改说“我们”“咱们”，不仅能自然地拉近与对方的距离，还能让对方更容易接受不同的观点。

在与非亲朋好友沟通的过程中，应该少谈及“我”，多了解“你”，同时还要避免提及自己的私事，也不要询问对方的隐私。比如，不要谈论孩子的学习成绩、家人的健康情况、夫妻的情感问题等。事实上，个人隐私范畴是人际沟通过程中需要适当回避的。

说话的艺术就在于通过切换角度，让问题变得有转机。比如，不要说“我想和你谈一谈”，容易显得居高临下，反而增强对方拒绝交流的意愿和对抗情绪。如果能将姿态略微放低，说：“我们需要谈一谈，你愿意吗？等你有时间，我随时在。”既显得诚意十足，也容易得到明确的回复。

|第四步：解决方案优先行|

同一件事情，哪句先说，哪句后说，会给听者带来不同的感受。

“我邀请了老同学周末去吃火锅！你也一起来吧！”一位同学兴高采烈地打来电话邀请我。

“啊？可是我不爱吃火锅！”这样回答，我就是把自己的喜好放在了第一位，如果同学很在意我，那么我的回答就会让她不得不去重新定一家餐厅，并且挨个儿通知其他人；如果同学不那么在意我，那就会逼得她为难地说：“那你这次就先不参加吧？下次我再邀请你。”

其实，在这种情况下，我可以回答：“我吃完饭再去和你们聚聚吧！我吃不惯火锅。”如果真的想一起吃饭，也可以回答：“我知道一家新开的日式料理很不错，定好后我来通知大家好不好？我吃不惯火锅。”

将解决方案前置而不是将问题、困难抛给对方，不仅能使对方更容易接受现况，同时也能使你不会因为自己的问题而被嫌弃“事儿多”“难搞”。

其实，只要内心多考虑他人，便可轻松表达得体的语言，找到完美的解决方案。

| 第五步：问题具体有启发 |

在日常沟通过程中，少不了分享信息，有时会抛出问题，有时会回答问题。那么，什么样的提问可以令对方受到启发，觉得与你沟通收获良多呢？

答案是：剥洋葱式的提问最具启发性。

在沟通过程中，如果你提出的问题，对方需要耗费脑力思考才能作答，那么在对方时间紧急或状态不好的情况下，你就只能得到对方“我不知道”的回答，导致沟通无法继续。

提问时，通过层层递进，将一个大问题拆解为多个小问题，让对方回答起来减少跳跃思考的难度，在一个个小问题的启发下，大问题的答案不仅清晰可见，而且逻辑准确。

例如，不要问对方“你打算怎么办”，而应该将问题具体化为：“你的目标是什么？为了实现或靠近你的目标，你需要做哪些事情呢？”通过提出多个具有逻辑递进关系的小问题，帮助对方的思考从抽象到具体、从未来到现实、从设想到执行。此外，还可以给出一些具体的选项来帮助对方开阔思路——“眼下你是要先去沟通再解决所有问题呢？还是先把能解决的问题解决了再去沟通呢？”

在沟通过程中，运用逻辑思维拆解问题，既能帮助对方轻松解决问题，又能让沟通变得高效，还能不断提升自己说话的艺术。

| 第六步：否定语言正向说 |

在沟通过程中，希望别人做什么就直接表达出来，切忌说“不要”做什么。因为人脑会对“不”字后面的语言进行强化，尤其是画面感强的事物。

例如，听到我说：“不要想一只蓝色的正在开屏的孔雀。”现在，你的脑海里是否已经有了一只开着屏的蓝色孔雀呢？

此外，连续听到“不要”这类否定词，大多数人会感到挫败、迷茫、低落。因为“不要”这类否定词暗含了不信任对方人品、否定对方能力的意味。

例如，领导给你布置工作任务，并规定了完成期限，你是喜欢听“不要晚于周五给我报告”还是“请在周五之前将报告给我”呢？

否定性语言难以对现实问题起到积极的推动作用，不妨多用正向语言表达自己的观点吧！

| 第七步：同理心始于感受 |

人生不如意事十之八九，与亲朋好友倾诉不如意便是常事。在这类沟通中，你想要宽慰对方，就会以“我理解你”这样的话语表达同理心，然而对方却未必觉得你能真的理解其处境和感受。

将同理心具体化为表达情绪、感觉的词汇，并通过观察和倾听将对方的困境描述出来，即使对方觉得你还是没有真正理解其处境，也能感觉到你是一个忠实的倾听者，你就更容易走进对方的内心。

如果一位二胎妈妈向你抱怨生活压力太重，两个孩子全都由她独自照顾，你可以这样回应：“我看得出你特别疲惫而且很委屈，一个人守着两个孩子哪儿也去不了，还不得不暂时放弃自己的事业，先生又帮不上忙，我明白你希望孩子们快点长大，尽快改变现在这样焦虑的状况，让你也有自己的空间。”

这样的表达，一是你梳理罗列了对方的问题，明确提出了对方的诉求，表达了你对对方感受的真切理解；二是对方会立即从你的回应中找到共鸣，继续展开话题，从而释放内心的压力。

| 第八步：建议伴随诚欣赏 |

如果你的下属在工作文件中用错了标点符号，你会怎么做？

有的人会这样说："你的做事效率真的很高，写文件时再多注意一下标点符号就是又快又好了！"

有的人会盛气凌人，破口大骂："你是怎么工作的？连标点符号都搞不清楚，亏你工作了那么多年！"

很明显，第一种说法容易让人接受建议，毕竟心情好才能做得好，而第二种说法只能让对方产生挫败感，反而不能达到改正进步的目的。

向别人提出建议时，尊重的态度、适度的欣赏是必不可少的。心灵如同花朵，开放时可承受柔润的露珠，闭合时能抵御狂风暴雨。在给别人提建议时，应该通过肯定、赞美让其心灵的花朵开放，对方才能听进建议，内化为自己的进步行为。如果像弹弹珠似的句句指责，恐怕对方只会想着怎样保护自尊心而拒绝倾听建议或直接抗拒沟通了。

| 第九步：致谢具体可视化 |

人人都会说谢谢，但如果只是说"谢谢"，不说出为何而谢，就不是有效的致谢。

"谢谢"主要用来体现自己的修养和对他人的尊重。然而，如果需要进一步表达感激或拉近情感，加入具体理由描述的感谢会立刻变得有力量并引发共鸣。

在现实生活中，可以练习在致谢时说明理由和目的。比如，"谢谢你帮我买了我最爱喝的酸奶""谢谢你帮我取了快递带回来"……

在致谢中将别人的友善行为可视化，便是每个人最需要的“被看见”。

| 第十步：音量适度效果好 |

音量不适度，是很多人在公共场所谈话的特点。

音量太小，不仅会给听你说话的人带来听力困难和理解障碍，而且表明你对声音的掌控不够敏感、自如，更为关键的是说明你对他人的感受欠缺考虑。

音量过大，不仅会给同一空间内的人带来烦扰，而且是少了同理心的表现。

那么，究竟什么是音量适度呢？

其实，就是一个宗旨：不给他人找问题、添麻烦。

音量一般分为三度：大声、小声和耳语。开会、授课等场合需要大声表达；与亲近者也可耳语交流，但只有三人在场时，不能做这一明显不友善的举动；小声即以不影响同一空间内他人谈话或倾听的音量为宜，保证同一群体中的三五人听到即可。

| 第十一步：重要场合结构化 |

在重要的场合发言或谈话，结构化的说话内容必不可少。总—分—总结构是最符合大脑接收信息规律的说话结构。

开场的总，体现观点的精华；分，体现支持结论的分层依据；结尾的总，应掷地有声、画龙点睛，是重中之重。简单来说，就是结论先行，再做拆解，而后总结或升华。

需要注意的是，结构化说话内容的信息提供要“限量”。提供的信息支撑点不宜过多，以 3 个为宜，如果超过 7 个，大脑就会自动放弃记忆和吸收。一般来说，可以根据主题把讲话的关键点归类为 3 个以内的核心观点并言简意赅地表达出来，对细枝末节则应果断“断舍离”。

例如，请假时先说一堆理由，最后才说要请假，把浓重的大篇幅浪费在前面，本末倒置的效果是不会好的。正确的请假方式应该是先直接说要请假去做某事，再给出请假做某事的具体理由，最后总结请假的目的。

请假参加礼仪培训时，你可以这样说：“领导，我申请请假三天去参加礼仪培训。我是这样想的，第一，礼仪是接待部门的必修课，我作为老员工更应该重视提升；第二，礼仪需要向专业人士学习，才不会摸着石头过河，避免贻笑大方；第三，咱们单位过些天有重要的接待任务，培训回来后正好能将新知识用在接待任务上，表现得会更好。所以，请您审批三天假期，让我为升级接待做准备。谢谢！”

说话有观点和结论，是让对方迅速、准确理解你的最好方式。不是每个听你说话的人都具有精准归纳总结的能力，而且有时为了表达详尽，容易冗长地叙述前因后果，但是听的人很可能早就心不在焉，甚至会曲解你的意思。为了确保沟通的双方在同一频道上，最好在谈话之初就简要表明立场和观点，最后再为具体理由作出结论、升华观点。

| 第十二步：赞美始于豁达心 |

赞美能为人际沟通营造出和谐愉快的氛围。赞美应当源自内心，是自然而然的善意行为，不需要绞尽脑汁、处心积虑。每一次赞美都是一次学习的过程，把他人的优点作为自己学习的目标，自然受人欢迎。

赞美不是只说好话，还要说让人舒心的话。培养发现美的心态和视角，赞美才能大大提升沟通双方的幸福感和愉悦感。

如果你不认为对方值得赞美，就不要为难自己说一些刻意的话，虚伪的赞美只会让你陷入窘境，但还是要尽力用善于观察的眼睛和敏感的心去搜寻对方值得赞美的点，毕竟再普通的人也有值得赞美的地方，再糟糕的事情也有值得学习的经验。

智慧的语言表达是一个人由内而外的魅力展现，运用好说话的艺术，就能令我们成为受欢迎的人。

殷贝莉魅力心语

（1）是否有能力表达自己，让听的人正确理解，取决于积累了什么样的语言储备、运用了什么样的语言表达，这对提升人际关系、创造表达价值至关重要。

（2）语言是为了让我们能与他人有连接才存在的，说话的目的是表达自己、影响他人，价值在于让人们互相关怀、彼此赋能。

（3）智慧的语言表达是一个人由内而外的魅力展现，运用好说话的艺术，就能令我们成为受欢迎的人。

魅力修炼第 14 天：口吐莲花

第一步：对方展示易切入。

以敏锐的心和眼去观察对方最乐于展示的部分。

第二步：专业术语通俗化。

将专业术语收起来，用通俗的语言打开心扉、达成共识。

第三步：身在对面心相连。

少说“我”，以“我们”“咱们”为切入点。

第四步：解决方案优先行。

拒绝请求时，要先提出解决方案。

第五步：问题具体有启发。

将问题拆解为多层，由繁至简，循序渐进。

第六步：否定语言正向说。

希望对方做什么，就直接表达什么，避免说“不要”等否定式语言。

第七步：同理心始于感受。

说出对方的感觉，描述对方的境遇，设想对方的期望。

第八步：建议伴随诚欣赏。

表达意见或建议时，首先给予肯定和赞赏，再提具体的建议内容。

第九步：致谢具体可视化。

致谢时，具体描述对方为帮助自己所做的行为。

第十步：音量适度效果好。

在家练习大声、小声、耳语的音量转换，学会自如地控制自己的音量。

第十一步：重要场合结构化。

练习总—分—总的结构化表达方式。

第十二步：赞美始于豁达心。

赞美始于豁达的心态和善于观察的眼睛，是一种自然而然的行为。

自我修炼计划表

魅力修炼：口吐莲花	完成情况	修炼感悟
谈论新结交的朋友最乐于展示的事物		
在日常谈话中将专业术语转换为日常用语		
将谈话中的“我”转换为“我们”“咱们”		
拒绝时先给出解决方案		
用剥洋葱式分层次提问代替一个大问题		
以正向语言代替否定式语言		
用精准的语言描述对方的感受		
先肯定对方的优点，再提出建议或规劝		
每天至少对一个人说谢谢并描述致谢理由		
在不同的场合用合适的音量进行沟通		
在重要场合使用总一分一总结构化语言		
用赞美开启与一个人的对话		
给今天的自己一句正能量的话：		

15 倾听的意义

在沟通中，大多数人更看重表达能力。在当众演讲时，妙语连珠；在与人交流时，口若悬河；在抒发感想时，娓娓而谈……相对而言，说话对象是如何倾听的，并不被人重视。因为倾听是无声的，很难有强烈的存在感。

可是想象一下，当你向人倾诉时，对方全身心地倾听，这是多么令你感动的事情啊！

美国心理学家卡尔·罗杰斯说："如果有人倾听你，不对你评头论足，不让你担惊受怕，也不想改变你，这多美好啊……每当我得到人们的倾听和理解，我就可以用新的眼光看世界并继续前进……这真神奇啊！一旦有人倾听，看起来无法解决的问题就有了解决办法，千头万绪的思路也会变得清晰起来。"

倾听真的非常重要，给人带来力量，使交流更美好。

那么，什么是真正的倾听？

是集中注意力听？还是仔细收集对方的说话信息？远不止于此。

我接触过很多心理咨询师。在大众的眼中，心理咨询师是解答和处理心理问题的专家。其实从专业的角度来看，心理咨询师首先是真正的倾听高手，他们大部分的工作时间是在倾听。因为倾听是建立关系、表达重视的基础，也是问及隐私和深入沟通的前提。

人际沟通亦是如此。倾听是在沟通中交流情感的重要方式。倾听时表现出来的肢体语言，直接影响着双方的情感互动氛围和节奏。好的倾听能让对方感到被尊重和理解，愿意继续交流下去。善于倾听的人往往被认为是有教养、善解人意的。

在古汉语中，听的写法为“聽”。从字面上分析，左边偏旁“耳”指的是沟通信息首先是通过耳朵获取的，耳朵可以听到声音和内容，但只用耳朵倾听是不够的；“耳”的下面是个“王”，指的是在倾听的过程中，把对方当成最重要的人，给予足够的尊重和关注；右边有个“四”，是“目”的异体写法，指的是在倾听的过程中，与对方保持目光交流，既体现尊重和重视，又在观察中接收对方的肢体语言信息；右下方是一个“心”，指的是倾听不仅需要五官的配合，更需要投入内心的理解和情感的共鸣。

倾听有参与、专注之意，不是指单纯的听，还包含着更多的含义——尊重，理解，重视，交心。

| 倾听三障碍 |

世界上有两种力量非常强大，一种是倾听，一种是微笑。然而，做到真正的倾听并非易事，极易因受干扰而被忽略或打断。

（1）自我中心。

人们习惯于关注自我，喜欢谈论自己，总认为自己才是对的。在倾听的过程中，过于关注自己的人喜欢听与自己观点一致的意见，对其他内容则随意敷衍，甚至置若罔闻。

来看看你有没有被这样倾听过：

①你的话还没说完，对方就说“我也是”，然后迅速接过话题开始聊自己。

②你兴致勃勃地告诉对方你的计划，对方却一直劝你要想得更清楚一些。

③你说生病了不舒服，对方回复你“多喝水吧”“平时要多做运动，不要熬夜”“快点睡觉吧”。

④你有一个新的提议，对方马上说“我认为……”“我的建议是……”

这样的沟通场景你也许熟悉，这样的朋友你也认为是真心为你好，然而在这样的谈话中想要有积极的情绪，实在很难。

换个角度来看，你有这样倾听过别人吗？能否在沟通过程中感知对方的情绪？你们的聊天是否愉快顺利呢？

为什么会出现这种情况呢？

因为听的人，出发点在自己，而不是说的人。在这种沟通状态中，谁还能有继续倾诉的欲望呢？

克服自我中心，真正倾听别人，需要先放下已有的想法和判断，全神贯注地体会对方的感受。

（2）心不在焉。

没有什么比心不在焉的倾听更伤人的了。

当你说话时，对方还在忙着手上的事情，丝毫没有停下的意思；对方看上去在听，可思绪却明显不集中，一边想着自己的事，一边听着你的诉说；对方答非所问，没有真正花心思去理解你的意思；对方无法体会你的情感，无论你是悲还是喜，对方始终淡然……如上种种，顿时让你失去了倾诉的欲望，因为完全感受不到对方的重视与互动。

（3）急于表达自己的观点。

全身心倾听他人并不容易。当别人倾诉时，倾听的人常常急于提出建议，以为别人已经说完了，轮到自己表达了。然而，如果一个人只是想要别人了解其处境、理解其感受，听到的却是建议，那么其就会闭口不谈，甚至关上心门。

我的儿子曾经提醒我，在给别人提建议前，先看看别人想要的是不是建议。有一天，儿子放学回来气呼呼地和我说同学抢他玩具的事情，最后咬着牙说："他再也不是我的好朋友了！"我说："你把你的想法告诉他，和他好好谈一谈吧，好朋友哪能说放弃就放弃呀！"儿子看了我一眼，一句话也没说就回房间去了。晚上聊天时，他告诉我："妈妈，之前我只是想告诉你我很生气而已。"是啊，我听完的第一反应就是急着去说我的建议了，其实他只是希望我留意他的感受。既便我的建议是源于爱，却也让他产生了不被理解的感受。看来，越是爱，越是在意，就越是忍不住想提出建议，而对方越是觉得不被理解。

看看在倾听时急于表达自己观点的做法：

①建议："我觉得你应该……"

②说教："我之前就和你说过……"

③否定："没什么大不了的，有什么可伤心的。"

④比较："我比你还惨……"

⑤安慰："别怪自己，你已经尽力了。"

⑥纠正："不是那样的。"

⑦回忆："我想起来了……"

当有人这样做时，往往不是不重视对方，反而是因为觉得在对方诉说痛苦经历时，应该想办法安慰对方，使对方心里好受一点。然而，急于表达自己的观点，就无法充分体会对方的内心感受，妨碍了与对方心贴心的交流。

倾听意味着全心全意地体会他人诉说内容中的真实感受。正如一句话所说的："不要急着做什么，就站在那里。"倾听时，不要急着说，就在那里听就可以了。

| 倾听四要素 |

在倾听的过程中，要用眼"望"，用耳"闻"，用口"问"，用心"切"。

（1）望：眼神的关注。

在倾听时，"望"就是要观察对方的神、色、形、态的变化。

我们渴望在倾听中了解别人，但不能只带上自己的耳朵。事实上，在用心倾听别人说话的时候，我们倾听的姿势、神态也在影响着别人的情绪和表达。其中最重要的影响因素，就是眼神的关注。

眼睛是心灵的窗户，具有反映深层心理活动的功能。眼神是最为生动、复杂、微妙、具有表现力的肢体语言。想一想，在倾听别人说话的时候，你的视线在哪里？是紧盯着对方不放，还是埋头看桌子？是常常闪躲，还是上下打量？看得多了，对方不自在；看得少了，显得不大重视；不敢对视，让人觉得心虚或不自信；上下打量，让人觉得傲慢。

那么，倾听时，眼神应该是什么样的呢？

第一，保证有稳定的目光接触。与人交谈时，视线接触对方脸部的时间应占全部谈话时间的 30%~60%。当然，视线稳定并不意味着要一直都盯着对方看。在交谈的初期，当对方说到重要的内容时，应直视对方的眼睛，表示重视和专注，但时间不可过长，否则会让对方觉得紧张和有压力。因此，一般在直视 10 秒后，就应渐渐把眼神扩散，从聚焦在对方眼睛上慢慢变成散点柔视，将目光主要集中在从双眼到下巴之间的倒三角区域。总之，在倾听的过程中，目光偶有接触，却又不聚焦，对方才会感到舒适。

第二，在需要认真思考时，可以把视线略往下收，短时间地看着桌面，思考片刻，再看向对方。如果谈到某些重要文件或资料，可以随着交谈的内容看向相应的文件或资料。

礼貌、恰当的注视能向说话人传达你的专注和投入，让说话人有被重视和尊重的感觉，增进与说话人的情感交流。

（2）闻：耳朵的专注。

俗话说："锣鼓听声，说话听音。""闻"就是用耳朵听对方说话，不仅要听对方说话的内容，更要听对方在语音、语调上表达出来的真实意思。

想要做到"闻"，需要有足够的耐心。善于倾听的人在听的过程中不会打断对方说话，也不会心不在焉，而是能够控制自己的思绪，把注意力都放在对方的话语上面。

在倾听时，可以用鼓励的眼神、温和的微笑、轻柔的点头让对方知道你正全身心投入到"闻"上。

（3）问：启发式提问。

倾听中的"问"是与对方的一种互动，属于更深入的交流方式。"问"的目的不是急于表达自己的观点，而是想倾听对方更多的信息。当你真的想知道对方的想法和感受时，可以在倾听的过程中运用启发式提问。

很多时候，我们出于关心，想要直接给对方一些指导性建议。其实，对对方更有帮助的做法是提问。让对方有思考的空间，在提问中被启发，才是真正的尊重和鼓励。

启发式提问也被称为开放式提问，常常运用"什么""怎么""哪里""为什么"等来发问，打开诉说者的话题，启发其进行更多的思考。

在倾听的过程中，典型的启发式问题有以下几种：

①"发生了什么事？"

②"你想聊聊吗？"

③“你有什么感受？”

④“你认为是什么原因导致这件事发生？”

⑤“后来又发生了什么？”

⑥“你现在对解决这个问题有什么想法？”

⑦“想想我们还可以做些什么？”

不代替对方做决定，不干涉对方的思考过程，你的倾听和提问才能给予对方空间和引导，让对方觉得安全、被接纳。在这种平和状态下，对方才会运用自己的智慧来面对和解决问题。

一个孩子在一次考试后告诉妈妈：“我再也不想去上学了。”

妈妈问：“我看得出你有些沮丧，能告诉我发生了什么事吗？”

孩子说：“我没有考好。这次数学不及格，老师当着全班同学的面批评了我。”

妈妈问：“考得不好，还被老师批评，看来你也很难过。那你自己对这次数学考试有什么看法呢？”

孩子说：“题目那么多，我的时间根本来不及，后面两道大题目没做完，也没时间检查做完的题……”

妈妈问：“看来你已经分析这次考不好的原因了。那你觉得需要如何调整你的学习计划呢？”

孩子说：“嗯……我可能需要加快速度。”

妈妈说：“是的呢！那你现在还可以做些什么？如果你有需要我帮助的地方，可以随时告诉我。”

孩子说：“我可以自己完成！”

通过这段对话，我们能够感受到在整个沟通过程中，孩子被妈妈充分接纳和理解，妈妈倾听着孩子的诉说，理解孩子的负面情绪，并通过提问来引导孩子思考，最终让孩子自己找到了解决方案，做出了负责任的决定。

如果在孩子表达“我不想上学时”，妈妈没有耐心倾听，而是责怪、生气，那么孩子会积极应对吗？与妈妈的关系会亲密吗？能够重新找回自信吗？答案明显都是否定的。

无论是孩子还是成人，只有处于被接纳、理解、鼓励、尊重的状态，才愿意通过积极思考来解决问题，否则只会沉浸在负面情绪中难以自拔。

（4）切：同理心交流。

“切”就是“把脉”，是对问题的最后诊断。在倾听的过程中，“切”是对“望”“闻”“问”的整体把握，通过综合分析全部信息来找准问题的根源。“切”需要用心——投入同理心，细心分析，以心换心——才能透过现象看本质。

简单来说，同理心就是换位思考，站在对方的立场上思考其所面对的问题。正如英国一句谚语所说的：“要想知道别人的鞋子合不合脚，那就穿上别人的鞋子走一英里。”在倾听时，把自己当成对方，站在对方的角度看待问题，就很容易理解和接纳对方的心理感受。

在倾听时如何做到有同理心呢？最重要的是：让心理情绪同步。

心理情绪同步就是在倾听时与对方保持同样的心理和情绪，能够感知对方的情绪是高兴还是生气，是兴奋还是沮丧。当你能够感受到对方的情绪，并说出这种感受，你就成为最懂 TA 的人、最值得 TA 敞开心扉进行交流的对象。

在这个竞争激烈、节奏加快的时代，人们普遍缺少同理心，很难静下心进入别人的世界，体会别人的感受。

一位家庭主妇整日在家辛苦地带孩子，她的先生下班后不但不回家帮她，还和朋友出去喝酒。如果当先生刚进家门，她就抱怨道："我和你说了多少次了！你就知道在外面应酬，下班也不回家，孩子是我一个人的吗？"试想，先生会做出什么反应？

如果先生不能理解妻子当下的感受，结局或是一场争执，或是冷战收场。如果先生理解妻子的情绪，哪怕只是说出"看得出你很累了，我回来晚了让你很生气"之类的话，妻子的怒火都能熄灭一大半。如果先生还能体贴地给妻子一个拥抱，也许当下就能化解妻子的所有疲劳。

人与人之间，被理解，被接纳，是多么重要和珍贵。

理解彼此，感同身受，才能让心与心靠得更近。

刘奕敏魅力心语

（1）真正的倾听，是打开心扉，放下自己。善于倾听的人，也懂得关爱自己。越是留意自己内心的声音，就越能听到别人的声音。

（2）在倾听别人之前，请先照顾好自己的情绪。带着平和、知性、理解、宽容、友爱、关怀去倾听，才能感受到人与人之间情意相通、和谐相处的美好与感动。

魅力修炼第 15 天：五步倾听

第一步：看着对方的眼睛。

面带微笑，平和而真诚地注视着对方，用关心的眼神鼓励对方，同时觉察自己倾听时的眼神状态，并及时作出调整。可根据谈话内容和时机，加上点头等肢体动作。注意眼神还需灵动，避免长时间盯着对方。

第二步：进行鼓励和重复。

在倾听中，仅说“嗯”“噢”“是这样”“后来呢”等，就可以鼓励对方继续讲下去。这是最为简单的一种倾听技巧，可正是因为简单，所以常常被当作细枝末节而忽视不说。一般情况下，对方得到简短有力的鼓励后，更有倾诉的勇气，但要注意鼓励时不可心不在焉，必须说得专注、认真。

重复即反射式倾听，也就是将听到的一些话重复说出、反馈回去，可以使用一些与对方用词不同的词语，但要能准确表达出对方的意思。

比如，朋友说：“我的老板太讨厌了！”你重复说：“你的老板这么讨厌啊！”朋友回答：“是的，因为她当众羞辱我。”你重复说：“因为她在别人面前说了让你很难堪的话？”

重复是一种较为实用的倾听技巧，既可以帮助你将注意力集中在对方的话语中，也可以让对方感到被接纳和重视。

第三步：确认对方已说完。

在倾听的过程中，耐心是第一重要的，在对方没有说完之前，只能通过眼神、点头、鼓励、重复等方式进行回应与互动。

让别人把话说完，既是基本的尊重，也是帮助我们听完整对方的意思、进一步理解对方的感受的基础。

第四步：理解对方的感受。

在倾听中，不仅要关注对方的语言，还要关注对方语言背后的情感。如果能够给予理解、接纳，做到感同深受，倾听就不再是表面的行为，而是心灵的交流。

第五步：给出适当的回应。

回应可以是点头或说简单的鼓励词句，表示你听到了，把更多表达的机会留给对方；也可以是进行重复性陈述或启发式提问，在对方说完后，用简短精炼的反馈或问题与对方进行更深入的交流。

自我修炼计划表

魅力修炼：五步倾听	完成情况	修炼感悟
看着对方的眼睛		
进行鼓励和重复		
确认对方已说完		
理解对方的感受		
给出适当的回应		
给今天的自己一句正能量的话：		

Part 6

心态修炼：
减法生活不减分

16 “减法心态”

时间总是让人猝不及防，不经意间，一年就这么过去了。在刚刚过去的一年中，我始终忙碌而充实，很多人问我：“你每天如此忙碌，累吗？”我微微一笑，却未作答。

四年前，我还在一家企业做人力资源管理工作，每日奔波于老板与员工之间，如同夹心饼干一样，既要遵守企业的规则，也要反馈员工的诉求，还要负责招聘、培训、绩效考核……那时的我常常问自己：“这是你要的生活吗？”直到有一天，我怀上了一个小生命，我终于知道自己应该停下来，重新审视自己的工作和生活，开启另一种能让自己内心充盈、精神饱满的生活。

2016年末，微课充电热潮兴起，其中一个微课吸引了很多人，它就是《断舍离》。学习后的人们忙于收拾整理自己的衣橱、书柜，于是一大批旧衣物、旧图书被打包捐赠或丢弃。我不知道在众多学习者中，有多少人有意识地去对自己的人生进行“断舍离”。在我看来，只有先认识、了解自己，知道自己想要什么，才能做到真正意义上的“断舍离”。

汉字“忙”是由“心”和“亡”组成的，忙起来心就死了，然而没了心，忙碌就没了价值。在节奏越来越快的忙碌世界里，有多少人愿意让自己的时间慢下来，在某一天放下车钥匙，骑自行车或步行上下班，欣赏路边的风景，抚慰自己的心灵呢？

很多人都说自己向往的生活是“面朝大海，春暖花开”，但这样悠然自在的生活状态首先需要我们学做减法，放慢脚步。正如蒋勋所说的：“唯有慢下来，才会解放眼睛，叫醒耳朵，唤起心灵。”

只有拥有“减法心态”，才能减去那些紧急但不重要的事情，才能放弃让你无暇看见自己的那些人和事，才能了解自己的快乐之源是什么……我们需要等一等灵魂，在“减法心态”中感受生命的丰饶。

| 培养“减法心态” |

如今的我们越来越感受到快节奏发展带来的紧张与焦虑，似乎每个人都在负重前行。如果你每天都想看到最美好的自己，便需要清空纷杂的思绪，只为今日目标去努力，看见只想看见的美好，遇见只想遇见的人，完成只想做好的事情……要想拥有“减法心态”，不仅需要审视心灵，还需要掌握一些信息和方法，为过上想要的生活而努力。想要实现目标，就一定要拒绝路上的诱惑，心无旁骛地向前行走。当你知道自己想要的生活时，便要学会放弃不属于这些生活的人、事、物。

我有一个忘年交，年轻时因英俊的外貌被无数姑娘追求，但那时的他选择了长相普通但很懂生活的姑娘作为伴侣。他轻描淡写地告诉我，因为他一直都知道自己想找一个怎样的妻子，无须美貌，因为美貌只是一时的，他只想与一个能把生活过得有滋有味的人携手一辈子。认识多年，我看到他对生活做着越来越多的减法：减去复杂社交，更多享受家庭欢乐；减去职场加班，更多感受自然美景；减去情感刺激，更多升华夫妻感情……我时常看到他的朋友圈照片，他们一家四口或一起做饭，或一起驾小艇出海，或一起参加毕业典礼……我由衷地欣赏他和他的妻子，他们都是生活的智者，那么清晰地知道自己想要什么、能够给予对方的是什么。

我想，这不仅是缓解压力的“减法心态”，更是一种平衡人生的技巧。只有清楚地了解自己，看到当下的自己，期待未来的自己，才可以始终如一地为目标而努力。

“平衡轮”是我在学习教练技术时非常喜欢的一个工具，总是在我迷茫时帮助我找到方向，我喜欢称它为“生命平衡轮”。

平衡轮的使用方法很简单：

第一，画一个圆圈，分成八等份。

第二，问自己：“在我的人生中，最重要的八个因素是什么？”比如：朋友、健康、家庭、事业、爱情、休闲、财富、个人成长、公益事业等。

第三，把八个要素分别写在八个等份中，结合自己的现状来打分（1–10 分，1 分最不满意，10 分最满意）。

第四，问自己：“你对现在的生活满意吗？ 你的人生之圆平衡吗？你想要改变什么？八大要素的优先顺序是怎样的？”

通过画平衡轮，你可以找出自己最在乎的人生要素，并依据自

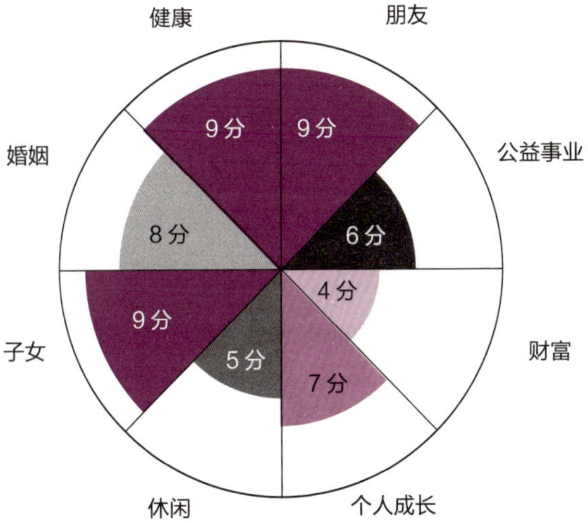

己的价值观对每个要素进行评分，用这种直观的形式反思自己现在的生活与理想中的生活的差距有多大，从而激励自己培养“减法心态”，让人生更加充实和平衡。

平衡轮除了用于规划人生，还可以用来规划工作、生活、健康等，甚至可以用来规划一天要做的计划。通过画平衡轮，你可以更清晰地看到目标和方向，用“减法心态”做好自己想要做的事情。

|“减法心态”塑造工具|

（1）管理时间。

“你知道自己每天看手机多少次吗？”当有人问我这样的问题时，我有点蒙，这怎么可能数得过来，因为我几乎每时每刻都在看手机。

现在有很多 APP 可以让你清楚地知道自己每天使用手机的频率。根据一项非正式的数据调查，每个人每天使用手机的频率不下 124 次。然而，在这 124 次中，有多少次是有效使用呢？对此，我打上一个大大的问号。

如今，越来越多的人开始放下手机，关注生活本来的样子。有人说，看微信朋友圈是在用自己的时间过别人的生活。是的，我们把大量的时间浪费在点赞、评论别人的朋友圈和编辑、发送自己的朋友圈上，忽略了本应属于我们自己的工作和生活。

其实，管理时间的本质就是管理自己的精力。一个有自控力的人可以合理地分配自己的时间。当每天把超过 20% 的时间用于娱乐时，恐怕你的生活已经偏离正轨。学会管理时间，才能高效工作、轻松生活，才能“笑傲人生”。当让无谓的人、事、物占据全部脑力和心力的时候，无疑是在给自己的生命增加负担。

我曾听过这样一个故事：一个女人因为怀疑先生出轨，使出各种招数——跟踪、查电话记录、翻手机，甚至雇私家侦探。耗时两个月之久，最终结果如她所料，她的先生果然出轨了。然而让她意外的是，先生出轨的时间不是在她调查他之前，而是在她调查的最后一个月中。先生说：“我变得不再认识你，你总是疑神疑鬼地找机会翻看我的手机，你不再努力工作，也不再做饭洗衣，我们的生活变得一团糟。我多次与你沟通，你却不相信我说的每一句话。我在精神几乎崩溃的时候，遇见了另一个她……”

这个女人最终失去了婚姻，重要的原因之一就是她将最为宝贵的时间和精力用在不紧急也不重要的猜忌和怀疑上，让太多的无谓情感和消极情绪占据了她的脑力和心力，完全忽略了那些重要的事情，比如关注自我成长、爱自己、高质量陪伴家人等。虽然这个故事比较极端，但这样管理时间和精力，生活当然只能越过越糟。

管理时间有很多方法，“时间管理四象限法则”是最受欢迎的一种方法。它是由美国管理学家史蒂芬·柯维提出的时间管理理论，将事情按重要和紧急两个维度划分成四个象限：重要且紧急，重要不紧急，紧急不重要，不重要且不紧急。

①重要且紧急：紧急状况，迫切需要解决的问题，限期完成的工作，你不做其他人就不能做的。

②重要不紧急：准备工作，预防措施，远期计划，人际关系，创造力与自信。

③紧急不重要：迫在眉睫的小事——电话、邮件、会议，别人请求帮忙的事。

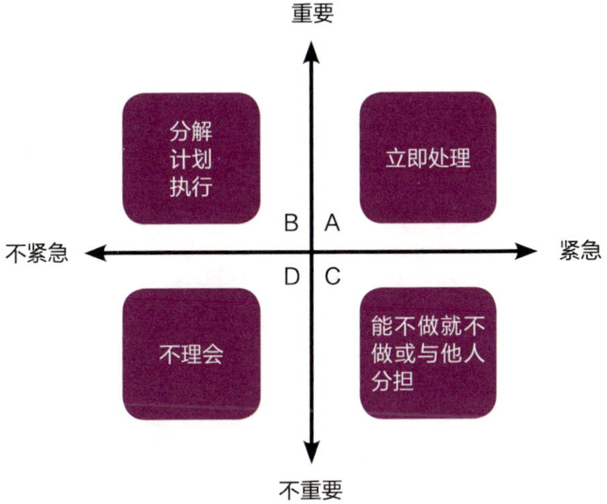

④不重要且不紧急：琐碎的事，娱乐休闲——闲聊、上网，逃避性活动，等待的时间。

在管理时间时，应先权衡各种事情的优先顺序。优先顺序＝重要性 × 紧迫性。如果总是忙于“救火”，只做紧急的事情，那么工作和生活只会陷入无限忙乱的恶性循环中。

高效是塑造“减法心态”的重要要素。只有将时间进行合理分配，才能实现高效工作和生活，留更多的时间给自己和家人，过上想要的生活。

（2）相信自己。

自信也是塑造“减法心态”的重要要素。只有学会相信自己，才能掌控好生活与工作的节奏。

如今，很多女性都是工作狂，常常加班到深夜，完成报表，制作PPT，回复邮件，设计图纸……越来越多的女性把自己打造成“女汉子”，但她们成为“拼命三郎”的原因之一是没有自信，没有安全感。“我只能靠自己”“自己不拼命谁会理你”“老公靠不住”“孩子长大了就不是自己的了”等说法围绕着她们，让她们深陷“不安全感”和“隐形自卑”中却不自知。

自信源于有能力和受欢迎。能力是自己“挣”来的，可以通过不断学习、实战等多种方式获得；受欢迎则复杂一些，既需要自己的情商和“社交商”足够高，还需要他人认可和支持。很多人活在别人的眼中，无法将有能力与受欢迎相融，于是越来越焦虑，强行为自己增加了很多压力——变美、变瘦、保持年轻……在这样的“加法心态”下，如何能过好自己的生活，又如何能真正拥有自信呢？

自信的人懂得尊重他人、爱护自己，看到别人的优势，也就看到了可以更“完美”的自己；接纳了别人的缺点，也就接受了自己的不足。总之，只有拥有对人生更为开放、广阔的认知，才能真正地相信自己，轻松地掌控生活与工作。

如何获得相信自己的力量呢?

①诚实。诚实的人不会因欺骗别人而使自己陷入窘境，不会感受到担心“被揭穿”的心理压力，因而更容易相信自己，也更容易获得别人的帮助。

②赞美。真诚地赞美他人，你将收获更多的自信。如何做到真诚赞美，这就需要你有一双发现美的眼睛，先从看见自己的美好开始。你可以将你最喜欢的鞋盒装点一新，让它变成一只“百宝箱”，每天用一个便签写下自己的一个优点——早起，按时吃早餐，锻炼 30 分钟，用心陪孩子 1 小时……每周、每月翻看一次“百宝箱”，你就会越来越自信。

③坚持。“不积跬步，无以至千里；不积小流，无以成江海。”无论是大到坚持完成一项事业，还是小到坚持每日按时吃早餐，只要坚持去做，就都将成为你的品格，使你更加相信自己。

④宽容。人心如路，越计较，越窄；越宽容，越宽。不与君子计较，他会加倍奉还；不与小人计较，他会拿你无招。宽容，貌似是吃亏，实则是为自己的心开了一条宽阔的高速公路，提升自己掌控人生的能力。

吴丽娜魅力心语

（1）只有拥有“减法心态”，才能减去那些紧急但不重要的事情，才能放弃让你无暇看见自己的那些人和事，才能了解自己的快乐之源是什么……我们需要等一等灵魂，在“减法心态”中感受生命的丰饶。

（2）放慢你的脚步，看更加绚烂的人生风景；丢下你的负担，让前方的路更加平稳；释放你的活力，用心去感知生命的意义。时光清浅，岁月温婉，拥有“减法心态”，才能让更多的阳光照耀你的生命。

魅力修炼第 16 天：“减法心态”

第一步：画出自己的人生平衡轮。根据平衡轮调整生活和工作的节奏，达到身体与心灵的平衡。重新规划，排列顺序，认真评分，才有机会为自己的人生做主。

第二步：画出时间管理四象限图。将要做的事情进行分类，将那些不紧急且不重要的琐碎事情从你的生活中一点点减去。先为自己定下一个小目标，例如每天少看手机 1 小时。点滴小事，只要做减法，就可以从“10”变成“0”。

第三步：专注地完成一件重要的事情。每天用 1 小时来完成一件重要的事情，将前 25 分钟专注于这件重要的事情，中间休息 10 分钟，利用这段碎片时间放松身体和处理琐碎事件，之后再用 25 分钟继续处理这件重要的事情。

第四步：打开身体，亲近自然。每天唤醒一个感觉器官，比如让每个脚趾依次活动 1 分钟，让身体慢慢打开，你的身体感知能力便会迅速提升。当然，亲近自然是打开身体的最好方式。

第五步：坚持做一件能让你变得自信的事情。比如，每天早上 6 点 30 分起床练习瑜伽，既能提高自己的自律程度，又能打造健康美好的形体。坚持打卡 21 天，每天给自己一个肯定的笑脸，一定会收获精彩的人生。

自我修炼计划表

魅力修炼："减法心态"	完成情况	修炼感悟
根据人生平衡轮调整工作计划		
按时间管理四象限法则对要做的事情进行分类取舍		
每天花 1 小时，专注地完成一件重要且不紧急的事		
每天花 30 分钟，放松自己的身体		
坚持做一件能让你变得自信的事情		
给今天的自己一句正能量的话：		

17 “减法生活”

2020 年 4 月的一个午后，春日暖阳照射进来，《贝加尔湖畔》从小爱音箱里缓缓地流淌而出，在耳边萦绕。我坐在阳台的藤椅上，打开手机微信，一则信息映入我的眼帘：“姐姐，我一不开心、压力一大，就会点开你的头像看看。想到你很爱笑，就有了顶住压力的勇气，想要享受生活的美好。”看完信息，我的嘴角不觉微微上扬，眼睛因为内心的喜悦眯成弯弯的月牙，就连眼角的鱼尾纹也似音符在快乐地跳跃着。

这一天，我刚刚过完五十岁的生日。五十岁，知天命，经历了半个世纪的沧海桑田。不过，“沧桑”两个字从没在我心上留下烙印，年龄对我来说，只是容貌有了岁月的痕迹。

最近这几年，我一直过着“减法生活”，欲望越来越少，幸福越来越多；物质越来越少，生命越来越丰盈；攫取越来越少，美好越来越多；关系越来越简单，朋友越来越铁；负能量越来越少，心态越来越阳光。

很多人都问我：“姐姐，你有什么秘诀竟然能把千疮百孔的生活过成诗的模样？”这得从 2014 年我在前半生做得最正确的一个选择讲起。那一年，我 44 岁，在一家知名企业任副总，事业已经到了瓶颈期，原来的工作激情被每天面对的压力、抱怨、复杂人际关系等各种负能量消磨殆尽，一眼就看到了人生的尽头：混到退休，变成一个跳广场舞的大妈，带带孙子孙女，和先生慢慢老去。

有人说：“人生不就是这样吗？”可是，这不是我想要的人生。我想要的人生是和喜欢的人在一起做自己喜欢的事情，有能力去实现自己想要的生活，让生命的每一天都有价值、有意义、有质量、有色彩，这样才不枉来这个世上走一回。

于是，我毅然放弃了原来的工作，毫不犹豫地投入我热爱的儿童礼仪事业中。如今，7 年过去了，虽然过程中有困难、有起伏、有哭累，但我从未怀疑自己的选择，而是朝着这个目标坚定前行。因为我真的实现了自己的梦想，每天和喜欢的人在一起做着自己喜欢的事情。我非常清晰地知道自己想要什么，日子过得越来越简单、舒服，就如一条清澈的小溪，欢快地流向幸福的海洋。

随着压力越来越大，极简生活已经成了很多人的向往。经常看到新闻报道某人放弃大城市的优越生活，到山上建了一个小木屋，从建筑风格到装饰全是自己喜欢的简单模样，在那里每天睡到自然醒，在洒满阳光的院落里种菜养花，在鸟虫相伴的夜色里和爱人相拥着看星星、月亮。这个生活场景是很多人的向往，但恐怕大部分人都很难实现。因为必须拥有“减法心态”，才能过上“减法生活”。

很多人总是说：“等我赚到多少钱了，我就去回到家乡过慢生活。”其实，真正的极简生活无须等到有钱了、退休了再去过，而是从现在就开始为生活做减法，让内心先简单、丰盈起来。生活越简单，幸福指数就会越高。这，就是“减法生活”的意义。

| 为生命做减法 |

有句话是这么说的：“你若想要明白自己需要什么，就要明白自己必须放弃些什么。”

2020 年 10 月 1 日，难得一遇的中秋和国庆双节同庆。我庆幸生在中国，因为疫情已经可控，全国各大景点都已全面开放，被憋了好几个月的人们终于可以放心大胆地出去旅游放松。于是，各大景点都人满为患，高速公路被堵得水泄不通。

我和家人一起去了一个不用走高速公路且只有一个多小时车程的小渔村度假，在那里过了一个最浪漫、最幸福、最简单、最安静的假期。

那一天，整个民宿只有我们一家人、从济南过来的一家五口和一条颇具绅士模样的胖黑狗，整个沙滩都属于我们。阳光正好，微风徐徐，天湛蓝，云雪白，让人忍不住想伸手去摸摸。海水在阳光的照射下波光粼粼，不远处的海面上有几艘小渔船在航行着。海浪一波接一波地涌上沙滩，泛起一圈圈白色的泡沫。孩子们赤着脚在沙滩上奔跑着、嬉戏着，捡着贝壳、挖着沙子、和小螃蟹斗智斗勇……我们还看到了渔民拉着非常巨大的网捕鱼的场面。

晚上，我坐在沙滩的秋千上，一边赏月，一边看着孩子们欢呼雀跃地放着烟花。烧烤炉里的火苗欢快地跳着舞蹈，虽然不如大城市的灯光那样璀璨，但仍让我真切地看到了月色下的大海正在微笑。夜色渐浓，我披上厚厚的大披风和先生手牵着手在月光下的沙滩上漫步，在沙滩上留下一长串幸福的脚印。那一刻，我们能感受到两颗心彼此紧紧地依偎在一起，世界那么大，只有我们俩。我从未有这样和宇宙真正融在一起的感觉，天地合一，没有人群的喧嚣，安静得让我们可以听到彼此的心跳和海浪幸福的呢喃。

这次度假就让我想到了人生，我们一直在寻找最好的风景，要不就是在去看风景的路上，要不就急着寻找下一处风景，根本没有停下脚步去融入这一刻，更没有放下一切去好好感受，听听自己内心的声音。

正如布罗妮·韦尔在《弥留之际最后悔的五件事》一书中写道的："人们认为最大的遗憾就是，没有鼓足勇气去过只忠于自己的内心而不是迎合别人期待的生活。"

我们需要为生命做减法，放慢每天匆忙的脚步。现在，请你找一个安静的地方，闭上眼睛，问问自己，你到底想要什么，想过怎样的生活。

当你有了一个清晰的目标后时，立刻在纸上描绘出具体的画面，每天早上一醒来就先看看这幅画。接下来，你就要为过上画中的生活而给现在的生活做减法了。因为你现在有可能被无形的压力压得透不过气来，被琐事牵着鼻子走，这也想做那也想做，一心想成为大家心目中的好人，却将自己搞得狼狈不堪……

具体来说，你可以通过玩转"生命五球"来过上"减法生活"。

美国超级畅销书作家詹姆斯·帕特森在《苏珊日记》里写过这么

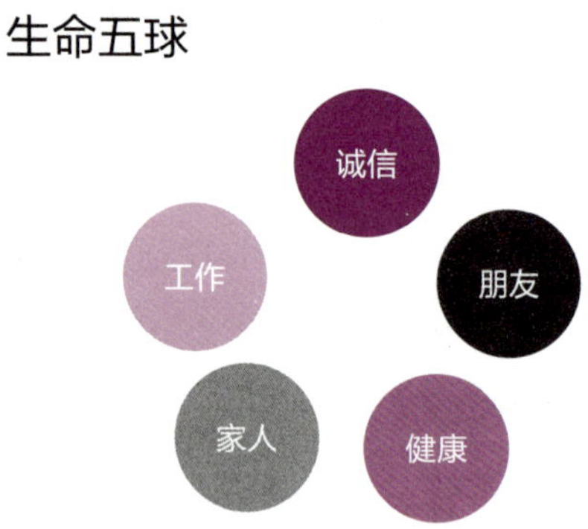

一段话："如果把生活想象成一场五球杂要游戏，这五个球分别是工作、家庭、健康、朋友和诚信。你把球抛在空中，游戏就开始了。有一天，你会发现工作是个橡皮球，如果掉到地上，就会弹回来；而其他四个球——家庭、健康、朋友、诚信，都是玻璃做的，一旦掉了下去，就会磨损、破裂甚至摔个粉碎，到时后悔也来不及了。"

（1）工作。

很多职场人士是工作狂，将工作当作生活的重心甚至是全部，不但工作加班加点，到家后脑子里想的还是工作，对爱人、孩子几乎没有高质量的陪伴。高质量的陪伴是指放下手机，放下工作，全身心地和爱人、孩子在一起。

（2）家人。

静下心来想一想，拼命工作到底是为了什么？是为了给孩子一个幸福的未来？为了挣够钱可以做自己想做的事情？为了向别人证明你很优秀？

再想一想，孩子在什么时候最需要我们？答案是从呱呱坠地到考上大学的这段时间。然而，我们恰恰在这段时间里因为忙于工作而忽视了孩子的成长，等有一天幡然醒悟想陪伴孩子的时候，孩子已经长大，不需要你了。到那个时候，不但你自己的内心缺憾补不回来，孩子还很有可能要用一生来治愈这个最需要爱却最缺爱的人生最宝贵的阶段。也许你的拼命工作为孩子积累了一笔财富，但心灵的富足对孩子来说才是最重要的。

（3）健康。

很多人以为自己的身体是一口能够源源不断地供水的深井，取之不尽，用之不竭，于是肆意地挥霍健康，很少停下脚步来问问身体需要什么。突然有一天，由于长期没有雨水的滋润，这口井断流了。这时你才明白，原来身体是最重要的，没有了健康，有再多的钱也无法享用。你的生命已经没有了质量，又如何能给深爱的家人有质量的生活呢？拼命赚的钱有可能连你的命都买不回来。

以前的我不会为自己做减法，喜欢自己扛下所有事情，明明驾驭不了的事情还要死扛着，总想证明给别人看自己有多完美。我大把大把地掉头发，经常凌晨两三点还不睡觉，健康终于亮起了红灯，浑身浮肿，心脏也出了问题。住院 20 多天，我因为使用了含激素的药而胖了整整 20 斤。

那段时间，我经常看着镜子中那个活力不再的自己，不断地问：“你到底想要什么？你到底想过怎样的生活？你现在在意的面子到底有多重要？”内在和外在整天喊话打架，忽然有一天，内心的声音越来越清晰：“找到自在的自己，过想要的生活。”如今，我已经找回了自在的自己，当真的爱自己的时候，才发现这时的我也能好好地爱别人。

如今的我成了 105（晚上 10 点睡觉，早上 5 点起床）宿舍的人，只要不出差，我每天早上 5 点起床后，都要和先生到公园里呼吸着新鲜的空气慢跑 5 公里，然后洗热水澡，吃先生做的爱心早餐，最后开始一天的高效工作。每天晚上吃完饭，我和先生都要出去散步 1 个小时，我们有侃不完的大山，我像个孩子般跟他闹、逗他笑。

虽然“激素胖”很难瘦回去——过了两年多，我只瘦了五六斤，但这已经不重要了，现在的我只需要把负面情绪去掉，做一个快乐的胖子就好！一两年后，说不定我又恢复身轻如燕了呢！

（4）朋友。

很多人在前行的路上走得太急，把朋友都丢了，这可是我们生命中最宝贵的一笔财富。不要试图去取悦所有人，要学会做减法，把时间和精力留给那些真正值得珍惜的人。

（5）诚信。

有些人以为诚信不重要，不择手段地去争抢一些根本不属于自己的东西，结果不光没得到，还丢了诚信。其实，诚信是任何东西都换不来的人品标签。唯有为欲望做减法，才能保护好这个宝贵的品质。

| 为人际关系做减法 |

复杂的人际关系会带来种种烦恼，扰乱我们的心思。不过，有时候人际关系其实很简单，只是我们想得太复杂了而已。

在人际关系中，我们要先善待自己，再善待周围的人。我们不可能取悦所有人，要懂得拒绝和放弃。

（1）减去“复杂”两个字。

复杂的人际关系会消耗我们的能量。如果你的人际关系已经让你觉得复杂，那么你就要好好地想一想是否需要对人际关系进行“断舍离”了。

不如抽身出来，把精力用在提升自己上。不要管别人选哪条路，那是别人自己的人生。永远不要想着改变别人，你唯一能改变的就是你自己，只要做更好的自己就可以了。

（2）学会勇敢地说“不”。

不要活在别人的世界里，用别人的尺子衡量自己的生活。证明自己给别人看，是最浪费生命的一种行为。不懂得拒绝别人的要求，始终被别人左右，你就会失去自我，永远活在别人的阴影里。千万不能被别人牵着鼻子走，必须坚持自己的底线，不攀比、不迎合、不逞强，对不愿意做的事情、没有能力做的事情勇敢地说“不”。

（3）学会对别人放手。

每个人只要把自己的分内事做好就好，不需要把别人的分内事抢过来做，还自鸣得意，觉得自己很伟大，其实这对自己、对别人都是不负责任的行为。

对你的孩子，你要学会放手，放下控制，有些坎儿必须让孩子自己过，栽过跟头儿，孩子的内心才能慢慢变强大，才能真正成熟地处理人生各个阶段的问题。孩子的人生需要由孩子自己负责。

如果把孩子的人生比作一架正在飞行的飞机，在孩子 8 岁以前，你需要坐在主驾驶位上手把手地教给孩子人生的基本技能，让他培养能够影响一生的好习惯；当孩子到了青春期的时候，你需要慢慢放手，把主驾驶位让给孩子，坐到副驾驶位上发挥导航作用，你要学会闭嘴，还要忍住抢回主驾驶位的想法，否则一不小心就会被孩子“踢”下飞机，不但当不了副驾驶，还有可能会和孩子失联；当孩子进入大学和社会，你需要自己从这架飞机上下来，副驾驶位要让给孩子的另一半，你只需要维护好机场，让孩子可以随时降落下来加油、做保养、休息一下，再在你的祝福中开启新的航程即可。

| 为目标做减法 |

在“现代童话之父”刘易斯·卡罗尔的著名童话故事《爱丽丝奇境历险记》中，有一段爱丽丝和猫的对话。

爱丽丝：“请问，您可以告诉我，我应该走哪条路吗？”

猫：“这取决于你想到达哪个地方。”

爱丽丝：“我无所谓，到哪里都行。”

猫：“既然这样，你选择哪条路都可以。”

看了这段话，不知你有何感想？你的身上有没有爱丽丝的影子呢？

一个没有目标的人，今天想做这个，明天又跑去做那个，整天胡子眉毛一把抓，得过且过地在这个世界上晃悠。要想成为更好的自己，过上想要的生活，首先必须有一个清晰的目标，然后从目标倒推9年、8年、5年、3年、1年、当下应该做什么，最后时刻记着目标，始终朝着自己想要的方向去努力，才有可能真的实现目标。

现在，请你想一想，10 年后，你要成为一个什么样的人？你要过怎样的生活？

把这个目标具象化，在脑海中描绘出 10 年后的你所过的生活场景画面，越具体越好：你穿着什么衣服，在哪里，和谁在一起，做什么事情，周围都有什么……你可以比对脑海里的画面，找一幅照片作为电脑和手机屏保，甚至可以亲手画出来，每天都看一看。

目标确定以后，就要用目标倒推法来看看如何实现目标。

10 年目标：我的 10 年目标是什么？

5 年目标：基于 10 年目标，未来 5 年最重要的一件事情是什么？

年目标：基于 5 年目标，本年最重要的一件事情是什么？

月目标：基于年目标，本月最重要的一件事情是什么？

周目标：基于月目标，本周最重要的一件事情是什么？

日目标：基于周目标，今天最重要的一件事情是什么？

当下：基于日目标，现在最重要的一件事情是什么？

（1）最重要的事情只有一件。

当你确认了每天要做的事情后，就要为你的计划做减法。在这里，强烈推荐大家看看加里·凯勒和杰伊·帕帕森两位作家写的《最重要的事只有一件》这本书。

如今，关于时间管理的课程和书籍非常多，可是很多人学了那么多，却依然过不好自己的人生。主要原因有三点：

第一点，不知道自己到底想要什么样的生活。

第二点，制订不出适合自己的计划。

第三点，目标太多太大。有的人太贪心，总想一口吃个胖子，恨不得现在只有 10 块钱，明天就能月入 100 万，这样的目标叫白日做梦。

我曾看过一个故事：一个饿极了的人吃饼，吃到第十张才觉得自己吃饱了。结果，他后悔地说："早知道这样，我就不吃前九张饼了，直接吃第十张饼就好。"

想一想，你有没有变成这样的傻子。要知道，为计划做减法不是一步登天，而是减掉每天的琐碎，专注在重要的事情上。

（2）制订目标分段计划。

日本著名马拉松运动员山田本在 1984 年和 1987 年的国际马拉松比赛中两次夺得世界冠军。10 年之后，山田本在自传中这样写道："每次比赛前，我都要乘车仔细看一遍比赛路线，把沿途比较醒目的标志画下来，比如第一标志是银行，第二标志是古怪的大树，第三标志是一座高楼，这样一直画到赛程结束。比赛开始后，我先向第一个目标银行冲去，到达第一个目标后，我又以同样的速度向第二个目标古怪的大树冲去……40 多公里的赛程被我分解成几个小目标，跑起来就轻松多了。如果一开始我就把目标定在终点线的旗帜上，当跑到十几公里的时候，我就会疲惫不堪，因为我会被前面那段遥远的路程吓倒。"

确定目标后，第一步要将目标分段，一直分到当下这一刻，然后把每天要做的事情分为成功清单和待办清单两个部分。

成功清单就是不紧急但是很重要事情的合集，必须日拱一卒，每天完成一个成功清单里的事情。每完成一个，就离 10 年后更好的自己近了一步。

我们的时间经常被待办清单里的紧急事情占据，如果这件事情紧急但不重要，完全可以直接拒绝或者放手让别人去做。

如果你每天被清单里的事情弄得焦头烂额，那就问问自己：最重要的事情是哪一件？这件事情最好和你的10年目标相关。学会为各种计划做减法，聚焦目标，摆脱所有可以做但不是必须做的事，专注于你应该做的重要的事情，把大目标分解成小目标，循序渐进，不拖延、不堆积，垂直深耕、刻意练习，直至达成最终目标。

教是最好的学。5年前，我问纪亚飞导师："老师，我现在的水平太有限，是不是要不断地学习学习再学习？"纪老师说："不对，你要不断地实践实践再实践，因为教是最好的学。在教的过程中你才会快速成长。"因此，列下清晰的分段目标后，要把每一阶段学到的东西吃透并且践行、分享给别人，这样才能开启全新的下一阶段。

当有一天你对自己说："嗨，亲爱的，我终于找到了你，你简直太棒了！"在这个时候，你就能听见幸福来敲门了！

张羲源魅力心语

（1）如果凡事都追求完美，就会失去美好的生活。

（2）放慢自己的脚步，把成为更好的自己当作目标。

（3）每天让自己的内心晒太阳，专注于自我成长，不攀比、不强求、不攫取、不抱怨，丰富自己的内心世界。

魅力修炼第 17 天："减法生活"

第一步：制定清晰的目标。

用目标倒推法确认每一天需要做什么，为你想要的未来生活添一块瓦。最重要的事情只有一件，每天优先完成这件事情。每天早起 1 个小时或者每天拿出 2 个小时，用来打造未来 10 年后的自己。

第二步：玩好"生命五球"。

永远记住，只有工作是有弹性的橡皮球，家庭、健康、朋友、诚信都是易碎的玻璃球，需要用心呵护。要把自己有限的精力和爱留给值得做的事情和值得珍惜的人。爱和感恩，是玩好"生命五球"的最好方法。

第三步：一次只培养一个习惯。

不要贪多贪大，从微习惯开始做起。有些事情，慢其实就是快。做不了雄鹰，就老老实实做好蜗牛，只要你有正确的路线，最终也能达成目标。

例如，想要养成早起的习惯，就可以先从早起 10 分钟做起，适应一到两周后，再提前 10 分钟，如此循序渐进，直到能在想起的时间点自然醒来。

第四步：排出身体负能量。

运动是让身体保持健康和快乐的最好方式。登山、骑行、练瑜伽、打羽毛球、游泳、跑步、健身……从每一个敞开的毛孔里排出的汗水都能带走一点负能量，除了感觉酣畅淋漓，还能为离更好的自己越来越近而感到自豪。

第五步：及时清除心灵垃圾。

心态是决定你是否真正快乐的根。有负面情绪时，要接纳它，打开心门让阳光照进来，心态开朗是清除负面情绪的最好方法。

人生最大的财富，就是在有限的时间里活出无限的精彩。其实，要实现这个目标很简单，就是给生命做减法，把生活过得简单些。

自我修炼计划表

魅力修炼：“减法生活”	完成情况	修炼感悟
制定清晰的目标		
玩好“生命五球”		
一次只培养一个习惯		
排出身体负能量		
及时清除心灵垃圾		
给今天的自己一句正能量的话：		

18 “减法衣橱”

衣橱对女性的意义到底是什么？人们常说“衣如人生”，衣橱不仅承载着经历、故事，更承载着喜好、梦想与生活态度。

为衣橱做减法看似减的是衣服，实际上是在找寻“衣我相合”。很多人喜欢根据流行趋势购买衣服，其实，在“发现和欣赏自己是独一无二的”这一点上，就已经失败了。每位女性都应该学会欣赏自己，不为流行买单，找到适合自己、让自己舒服的衣服，用清晰的思维方式规划自己的人生和想过的生活。

在忙碌的快节奏中，人们更需要掌握让自己心态平和的方法，放慢脚步，欣赏自己，选择适合自己的服饰来成就自己的人生，与让自己怦然心动的物品相处，过有品质的“减法生活”。

很多女性总是感叹自己少一件衣服，衣橱中却堆积着许多没有取下标签的衣服。在整理衣橱时，我们常常发现自己犯下的错误是，购买了很多重复和不合适的单品。

有一年夏天，我为一位朋友做衣橱整理，她是一位漂亮能干的企业高管，为衣橱问题头疼了很久，觉得已经影响到她的生活状态。当我踏进她家时，第一感觉是物品堆得满满当当，我问她："你刚搬家吗？"她特别惊奇地看着我说："没有呀，我住在这里 3 年多啦！"她环顾房间后，突然和我相视一笑，"东西太多显得乱！"她告诉我，衣橱最让她痛苦的是，经常因为找衣服而浪费大量的时间，情况已经严重到虽然起床很早，但找衣服、换衣服、搭衣服花费太多时间，导致上班经常迟到。她决定重新规划衣橱，并且目标非常明确——高效管理衣橱，重新定位衣橱，让衣橱拥有更多搭配空间。

"一屋不扫，何以扫天下？"衣橱规划看似是一件小事情，却是影响修养品位的大事情，关系着能否过上精简高效的生活。是时候放下繁重的工作，打造"为当下而着装"的"减法衣橱"啦！

| 科学规划衣橱收纳比例 |

为衣橱做减法是女人魅力形象的转折点，需要根据当下的生活规划，不随波逐流，不盲目攀比，不过分自卑，感恩自己拥有的，思考自己想要的，为当下和未来而着装。

打造"减法衣橱"，首先要建立衣橱档案，确定着装场合规则，然后要清晰地知道自己的兴趣爱好、职业发展、生活方式、身材特征、场合转换等细节，最后要科学规划衣橱收纳比例，根据自我身份管理衣橱形象，确定自己在社交场合、职业场合、休闲场合的服饰搭配比例，从而明确衣橱的合理化配置。

需要注意的是，最隆重的是社交场合，最严谨的是职业场合，最放松的是休闲场合。遵循着装 TPO（Time：时间，Place：地点，

Occasion：场合）原则，是对自己和场合最好的尊重，。此外，还要思考自我和场合的关系：我是谁？我为什么到这里？让自己和场合相协调，修内塑外，通过外化服装来表达内在精神。

作为形象礼仪培训师，我的衣橱收纳比例配置如下：职业场合60%（严肃职场 20%，一般职场 10%，时尚职场 30%），社交场合 15%，休闲场合 25%。我会根据自己经常出席的场合来规划衣橱收纳比例配置，丰富各类服饰单品，这样在出席任何场合的时候，都不会因为少一件衣服而发愁。

个人衣橱档案

我拥有的		我想要的

衣橱比例配置

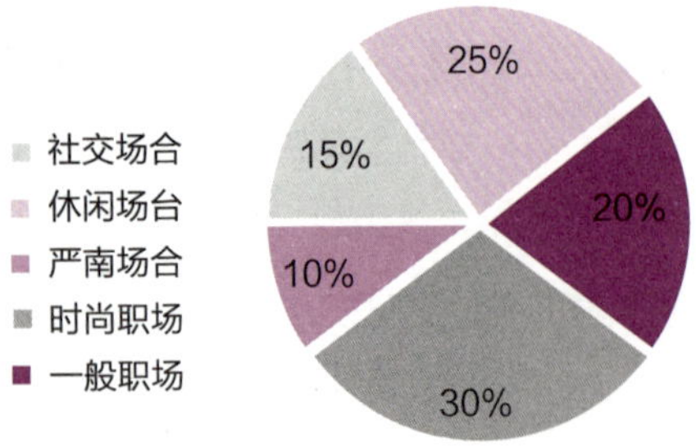

|让衣橱充满经典的味道|

女人的衣橱可以不大、不奢华，但穿着不会出错的经典款服饰一定不能少。与其乱七八糟买一堆不合适的服饰，不如添置一些永不过时的经典款。经典款一定要选择品质好且利用率高的，才能够实现一衣多穿，在任何场合都能突出整体性和搭配性。

比如，小黑裙既百搭又经久不衰，既高贵又俏皮，无论是抹胸造型还是修身高腰造型，都可以展现女性的优雅魅力。永远的女神奥黛丽·赫本让小黑裙风靡天下，那条剪裁独特的小黑裙有着连衣裙的妩媚和黑色的优雅，把女人味发挥得淋漓尽致。

觉得没有衣服穿、搭配服装困难的人往往都是因为没有打造充满经典味道的“减法衣橱”。现在就用“减法衣橱”经典款配置清单为你的衣橱做一个全新的升级吧！

“减法衣橱”经典款配置清单

基本款大件单品	纯色大衣
	纯色风衣
	西服外套
	连衣裙：小黑裙、小花裙
	白衬衣
	裤子
	开襟毛衫

续 表

基本款大件单品	小礼服
基本款搭配单品	T 恤：黑、白、灰
	羊绒毛衣、薄针织衫
	牛仔裤：黑、白、蓝
画龙点睛之配饰	包
	鞋子
	耳环
	项链
	胸针
	眼镜
	手表
	丝巾
	羊绒围巾
	内衣

| 让衣橱体现个人特色 |

我非常喜欢布里埃·香奈儿的一句名言："你可以穿不起香奈尔，也可以没有多少衣服供选择，但永远别忘记一件最重要的衣服，这件衣服叫自我。"

在衣橱整理的过程中，要用心与自己对话，找到适合自己的款式和色彩。你每天的穿衣打扮，不仅影响外表，还影响工作和生活状态。因此，一定要在衣橱中配置适合自己的服饰款式和色彩，才能发现生活之美，释放个人魅力。一般来说，职场女士可以在黑色、白色外，多选择米色、灰色和彩色中的中间色调来丰富自己的着装风格。

服装颜色单一，生活就缺少了些许味道。不过，不要把自己变成“老古董”，也不要把自己变成“彩色花园”。可以通过专业色彩学习或向专业形象顾问寻求帮助，了解色彩的深浅、艳柔、冷暖，找到适合自己的色彩及搭配，才能看起来年轻健康、精神百倍、气质更好。一味追随流行趋势，选择了不适合自己的色彩，就会压住你原本的气质特色，显得老气横秋、精神不佳、肤色晦暗等。

记住，时尚易逝，风格永存，是你在穿衣服，而不是衣服穿你。个人穿衣风格应从脸型、五官、整体气质、身材、身高、职业、身份和年龄等因素综合考虑，从大小、动静、直曲的风格核心元素中挖掘适合自己的着装风格，最大化地发挥自己的魅力。

在衣橱整理中，常常提到接纳法则。有一次，一位 40 多岁的女性找我做衣橱整理，她的气质干练帅气，但别人认为她没有女人味，所以她买了很多泡泡袖、圆领连衣裙和带有大量花朵图案的衣服，她以为这就是她的美丽，但展现不属于自己年龄阶段的美，其实是一件很辛苦的事情。在我们进行一对一的衣橱整理搭配后，她发现自己的个人风格适合中偏大的款式，图案色彩应该偏静，以凸显独特的知性气质。接纳适合自己的服饰风格后，她的气质瞬间上升了一个层次，关键是她看起来如此愉悦。果然，“适合你的服饰，如美好的爱情，滋润和愉悦了彼此”。

在个人形象设计中，最佳魅力色彩 + 独特个人风格 + 剪裁得体面

料 = 你最好的个人品牌。你的个人风格就是你家的钥匙，无论在外面停留多久，千万别忘记回家的路，只需轻轻推开那扇门，就能让你最舒服、最愉悦、最有魅力。

|“减法衣橱”的取舍法则|

庄子说：“朴素而天下莫能与之争美。”当我们拥有太多衣服时，就会被那些华而不实的光环迷惑，耗尽我们的精力。优雅的女人懂得取舍，懂得恰当地“断舍离”，让自己轻装上路，让生活充满能量。

断，就是让我们的生活入口狭窄，不购买不需要的东西。

舍，就是让我们的生活出口变宽，舍去多余没用的东西。

离，就是通过断和舍，脱离对物质的执念。

对衣物进行“断舍离”，并非不买新衣物，而是重新审视自己与衣物的关系，从关注衣物转换为关注自我。

“减法生活”的倡导者约书亚·贝克尔扔掉了家中 90% 的物品，觉得生活变得踏实和充满意义，自己也获得了真正的快乐，不把希望寄托在别人的期许上。把时间放在自己最喜欢的事情上，拥有的东西虽然少了，却过得更加有意义。在“减法生活”中，不是要求你过清贫日子，而是让你通过回顾与物品的关系，去了解自己真正的喜好、需求和感受。

“减法衣橱”也是这样，让你与当下心爱的衣物相处，不购买不需要的衣物，选择有品质的合适衣物。不要沉浸在对过去的无尽依恋和对未来的焦虑不安中，只需要留下那些让你怦然心动和有穿着需求的合适衣物，让服饰为你代言魅力、创造价值。至于保留的数量，因人而异、因地制宜即可。

打造“减法衣橱”的过程就是告别过去、让自己重新开始的过程，更是一个彻底“断舍离”的过程。在这个过程中，穿出自己的风格比赶时髦重要得多，所以即使是很漂亮、很昂贵的衣服，只要不适合你，也应该列入“断舍离”的范围。

必须快速“断舍离”的服装类型主要有以下五种：

（1）污渍和破损情况严重的衣服。

（2）不适合自己当下年龄和身份的衣服。

（3）色彩和款式不适合自己风格的衣服。

（4）身材发生变化后连续几年都没有穿的衣服。

（5）超过 5 年没穿的衣服。

进行“断舍离”后，“减法衣橱”不可能不再添置新衣物。那么，如何为“减法衣橱”采购新的衣物呢？

（1）写下衣物采购清单，控制购买欲望，放弃不需之物。买太多衣服却从来不穿，不但寻找衣服搭配麻烦，整理衣服也很浪费时间。你可以逛大牌学淘货，多逛、多看、多试、多感受，记录适合自己的品牌和服饰类型，打造省钱、省力、省心的“减法衣橱”。

（2）购买服饰时，可以根据服饰价格 = 服饰总价 ÷ 次数来核算成本。确定需要购买的衣物，要买品质最好的，并充分使用。千万不要囤积打折衣物。你可以把昂贵的、品质好的衣物当作给自己努力工作的奖励，让它成为一段奋斗历程的记忆承载，记录为了匹配它而一步步前进的步伐，让你知道你配得上更好的一切。

"减法衣橱"衣物采购清单

序号	品类	图例	推荐理由	保养细节
1				
2				
3				
4				

|"减法衣橱"的收纳原则|

合理的收纳是对空间的最大利用。

（1）将衣橱中的衣服和配饰全部取出，铺放后认真进行搭配组合，并拍照留存，方便搭配时快速选用。七天不同时光，用不同搭配组合呈现不一样的心情。

（2）衣橱中的睡衣、T 恤、家居服等可以折叠起来，但数量不要太多，一摞数量以不超过 6 件为宜，否则不仅会压坏下层的衣服，还会导致取用时不方便拿出来。

（3）收纳小件衣物要善用收纳工具，悬挂式收纳袋可收纳不少轻薄的衣物，衣橱专用多层收纳盒是收纳袜子、内衣裤等小物件的最佳工具，安装在衣橱门板内侧的挂钩、吊杆和支架可用来悬挂皮带、领带、背包等配件。

（4）不同的衣物要有固定的收纳位置，使用完毕就要物归原位，节省下次寻找衣物的时间。如果每天早上你要花费 10 分钟以上的时间来挑选或试穿当天要穿的衣服，那就说明你的衣物收纳出现了问题，应该对衣物进行分类收纳、固定位置。千万不要图一时省事，随意乱塞乱放衣物，破坏“减法衣橱”的收纳规则。

遇见美好的自己，打造精致的自己，珍爱一路前行的自己。现在，就打造属于你自己的“减法衣橱”吧！

文琦魅力心语

（1）打造“减法衣橱”，就是要学会真正地欣赏和接纳自己，找到最适合的自我形象。

（2）“减法衣橱”不是一成不变的，而是在每个人生阶段享受岁月赠予的美好，打造和经营好个人形象，呈现每一阶段不同的魅力。

魅力修炼第 18 天：“减法衣橱”

第一步：做一个简单的衣橱管理计划，填写《个人衣橱场合分类整理表》，将搭配好的服饰进行试穿，并拍照留存。

个人衣橱场合分类整理表

场合		服饰比例测评	搭配图片	备注
社交场合	“大社交”			
	“小社交”			

续 表

场合		服饰比例测评	搭配图片	备注
职业场合	严肃职场			
	一般职场			
	时尚职场			
休闲场合	时尚休闲			
	运动休闲			
	家居休闲			

第二步：坚持每天化自然得体的妆容，在忙碌的日子里，让自己充满好气色。当妆容得体时，你就会慢慢发现衣橱里的衣服变得越来越容易搭配，更能提升气质魅力。

个人妆面检查表

化妆流程	化妆用品	魅力秘诀
打粉底	粉底（液体或膏状）	根据肤色深浅进行选择
		根据皮肤状态进行选择
定　妆	定妆粉	定妆粉涂抹要薄、透、自然
眼部化妆	眼影、眼线、睫毛膏	学会选择经典的大地色系 眼妆的浓淡和环境相和谐 眼妆的浓淡符合个人气质
腮　红	腮红	选择和服饰相协调的颜色
口　红	唇膏和唇彩	唇部比较干裂的时候，提前擦润唇膏
整体调整妆面		保证妆面干净服帖

第三步：购买衣物前写好清单，考虑搭配组合和保养方法。网络购物时，可先放入购物车，冷静 7 天后再确定是否真的需要。

第四步：多关注时尚和经典品牌，多逛街，多旅游，提高自己的审美能力，为“减法衣橱”添置品质好的经典款单品，过有品位的“减法生活”。

自我修炼计划表

魅力修炼：“减法衣橱”	完成情况	修炼感悟
填写《个人衣橱场合分类整理表》		
根据《个人妆面检查表》选择合适的服装		
列出“减法衣橱”衣物采购清单		
为“减法衣橱”添置品质好的经典款单品		
给今天的自己一句正能量的话：		

Part 7

礼仪修炼：社交女王有魅力

19 掌握社交礼仪

人与人之间的关系是一种缘分。在不同的场合遇到，有的是一面之缘，有的却由相遇走到相识、相知甚至相爱。我们的人生因与不同的人交往逐渐变得丰富和精彩。

《秘密》这本书写道，生命的伟大秘密就是吸引力法则，而且是同类相吸。人体是一个发射台，你用自己的思想向外发射信号，最终会吸引同频率的人走进你的生命。

社交礼仪并不要求遵守复杂烦琐的礼节和处理错综复杂的关系，而是探讨在与人相处中如何呈现自己的美好，如何吸引更多同频率的人。“礼由心生，而后成仪。”礼仪其实是一种能量，通过外在的形式传递内心的思想和感受。社交场合就是一个大舞台，只有经过了表情、情商、着装、举止、语言、心态等全方位的修炼，才可以在社交舞台上大放异彩，通过礼仪让自身魅力尽情绽放。

经常有人问我：“每天都要化妆、搭配衣服，在不同场合还要遵守不同的礼仪，不累吗？”我总是这么回答：“化妆化的不仅是妆容，还有内心对美的感悟和追求；服装的功能不仅是御寒和遮体，还体现着你的审美和品位；礼仪更是一种无声的语言，诉说着你的修养和品德。”

| 社交场合见面礼仪 |

人与人的缘分真的很奇妙，一句真诚的问候、一个发自内心的微笑、一个柔和的眼神，就能拉近彼此的距离。

（1）问候礼仪：打开心扉建关系。

在社交场合，一句亲切的问候就可以打开对方的心扉，给对方留下良好的第一印象。“您好，很高兴认识您！”“您好，需要帮忙吗？”这样简单的话语就能帮助我们打破僵局，建立熟悉感。作为女性，主动热情问候别人，既是自信阳光魅力的体现，也是良好人际关系的开始。

有一天晚上，我从超市买了两大袋东西回家，在小区门口很费劲地在包里找钥匙。这时，同样要进门的一位女士拿出门卡帮我打开门，我刚要说谢谢，却听到她对我说：“需要帮忙吗？我帮你拎一袋吧！”说实话，我有些诧异，心想难道我们认识吗？借着路灯我仔细看了一下，确定彼此不认识后，却看到她迎面送上的微笑。我连忙说：“谢谢，我可以的，没问题。”道过再见后，她转身离去。我这才注意到她穿着白色的大衣，戴着米色的帽子，步履轻盈、体态优雅。我忽然觉得她那么温柔善良，一定有着幸福的家庭。

这件事情已经过去很久了，但这位女士的微笑和带给我的温暖至今还久久萦绕在我的心头。一句简单的问候就让我对一个几乎是擦肩而过的人留下如此深刻的印象。当时我问自己，我遇到这种情况会主动这么做吗？我想在这之前不会，因为怕别人觉得我多管闲事，但以后我一定会，因为我感受到了一句问候有着很大的魔力，能让每个人都心生欢喜和感动。当然，让人感到温暖的问候并不是形式上的一句“您好，幸会”，而是发自内心的友爱与真诚。

问候时，还要注意一些细节，比如最好不要问“还记得我吗？”“代问你太太（先生）好！”如果对方忘了你或还没有结婚，这样的问候就会引发尴尬，不如改说“我们好像在哪里见过”“请代问您家人好！”记住，礼仪的最大原则就是任何时候都要照顾对方的感受。

（2）握手礼仪：传递友好和信任。

在人际交往中，握手是常用的礼节，尤其是在首次见面时，可以快速拉近彼此的距离，传递友好和真诚。

握手礼仪源自古罗马，两个人在决斗之前要握手表明手中没有暗器。如今，握手成为表达诚意的一种常用方式。

作为女性，在社交场合可能会有所顾虑，握手时是应该热情一些，还是含蓄一些呢？

握手传递的是一种能量，当彼此的手握在一起的时候，能够非常清晰地感知对方的精神面貌和心理状态。如老虎钳般的握手，会让人觉得用力过猛、热情过度，失去了女性特有的涵养；如蜻蜓点水式的握手，会让人觉得冷漠高傲、漫不经心。

要想让对方感受到你的真诚坦荡，应该大方地伸出右手，与对方的掌心、虎口相对，四指弯曲握住 3~5 秒。这就是标准的握手礼仪，既礼貌得体，又不失友好热情。

握手是讲究顺序的，一般尊者先伸手。在社交场合，应女士先伸手。不过，具体顺序也要根据当时的场合、身份而定。

（3）称呼礼仪：体现良好修养。

称呼看似是一件小事，却蕴含着很大的学问。得体的称呼会让双方心情愉悦、沟通顺畅。

①说话之前一定要有称呼。

说话之前有称呼，是对别人最基本的尊重。

想象一下，一位穿着优雅的女士向你这样问路："哎，友谊商城往哪边走啊？"你会很高兴地告诉她吗？她还会给你留下美好的印象吗？

②姓加尊称最得体。

尊称有很多种，可以是工作职称——局长、总经理、校长等，也可以是技术职称——老师、教授、博士等。

对不认识的人可以称呼先生或女士。

对尊长是绝对不能直呼其名的。

③敬语与谦语。

在社交场合，如果有人问："请问您贵姓？"怎样回答才是得体的呢？

如果直接回答"我姓张"，那么优雅的形象可能就有些打折扣了。

中国语言的礼仪规范非常严谨，有敬语和谦语之分。比如，"您贵姓"就是敬语，表达恭敬、抬爱的意思，对前面那个问题应该回答"免贵，姓张"，这里的"免贵"就是谦语。

敬语用于称呼对方，谦语一般用于称呼自己或家人。常用的敬语有“贵、令、高、惠、大”：令堂、高见、惠顾、尊姓大名。常用的谦语有“家、舍、鄙、拙”：家父、舍妹、鄙人、拙见。

初次见面时，应称呼对方父母为“令尊”“令堂”，称自己父母为“家父”“家母”。在问对方工作单位时的得体说法是：“请问您在哪里高就？”

敬语和谦语的使用能够凸显修养和礼貌，在气质修炼的过程中，只有不断提升内在素养，才能真正绽放优雅的魅力。

（4）自我介绍：让对方快速了解你。

在与对方第一次见面时，免不了要自我介绍，虽然会有一些紧张，但还是要拿出勇气来主动介绍自己。其实，自我介绍是最快打破尴尬气氛的法宝，而且主动介绍自己会显得自信大方。

其实，自我介绍很简单。首先，愉快地打招呼，“您好，很高兴认识您”，明快地表达出友好之情；然后，充满自信地说出自己的姓名、单位、职务等；最后，满怀诚意地说“希望以后有机会多交流”。

当然，这只是一个自我介绍的基本模板，在现实生活中，应根据社交环境和具体情况进行调整。

在为他人做介绍的时候，要遵循尊者有事先知情权的原则，先将职位低的人介绍给职位高的，将年少的介绍给年长的。在社交场合，一般先将男士介绍给女士。

（5）名片礼仪：小名片大尊重。

名片代表一个人的脸面，名片不宜制作得太花哨，要清新素雅，体现良好的品位，设计风格要与自己的气质相吻合，如此才能为我们加分增色。

递送名片时，将名片从名片夹中取出，转向对方正面阅读的方向，双手递交，同时介绍自己的公司和姓名。

需要注意的是，拿出名片的时候，名片正面是朝向自己的，但为了方便对方阅读，要转一下方向，体现为别人着想的心意。

接收名片时，也要双手去接，接回之后要认真阅读，再热情回应。

其实，真正的修养都体现在细节之中，每个礼节的背后都是真诚与尊重。

| 社交场合沟通礼仪 |

交谈是一门艺术，沟通水平决定了沟通的效果。中国历史文化悠久，文化沉淀深厚，语言以优雅、精炼著称，古人从小就要学习“洒扫应对”，也就是学习言行举止礼仪。在社交场合，语言要优美，具有诗意；行为要得体，合乎礼仪。

在与人沟通时，最重要的是有同理心和换位思考。“良言一句三冬暖，恶语伤人六月寒”，让人如沐春风般的语言是良好沟通的催化剂。

在社交场合，“三明治沟通法”非常适合在与他人沟通特别是提出意见和建议时使用。三明治的上下两层面包是软的，中间夹的火腿或鸡肉相对是硬的。当向别人提建议尤其是批评性建议时，最好在提出核心意见之前，先对对方的相关方面进行认可和赞美，意见表达完毕后别忘了给予鼓励，以让对方能够保持自信和愉快。

例如，朋友问你："你觉得我今天的衣服搭配怎么样啊？"不说显得不真诚，直说又会让对方没面子，这时就可以用"三明治沟通法"："我觉得你是一个非常注重服装品位的人，今天的衣服款式非常适合你，颜色过于素雅了些，如果搭配一条丝巾或胸针就更能彰显你的气质了！"如此一来，你的朋友就会愉快地接受你的建议，而且能进一步增进你们的友谊。

|社交场合座次礼仪|

（1）用餐座次。

在社交场合，用餐是很重要的环节，毕竟中国的餐桌也是社交桌。餐桌上品鉴的不仅是美食，更是我们的素质和修养。

在外用餐时，要想找准自己的座位，首先要了解哪里是主人位和主宾位。

主人位的确定一般遵循四个原则：面门为上，远门为尊，背靠背景墙，独特餐巾花。

国际礼仪通常以右为尊，因此主人位的右边是主宾位，左手边是第二主宾位，依次类推。

在用餐的过程中，吃相要优雅，姿态要端正。用餐完毕，要先感谢主人，再礼貌告别。

（2）乘车座次。

车上的贵宾位是后排的右座，如果排出序号，它就是1号；后排的左座仅次于右座，由副客或者主人一方的陪同人员落座，序号是2号；司机旁边的副驾驶位一般由主人一方的工作人员落座，但如果主人亲自开车来接你，作为主宾的你就要坐在副驾驶位，以示感谢与亲密。

需要注意的是，无论坐在哪个位置，在上车和下车时，女士一定要注重姿态优雅得体、动作平稳从容。

上车时，先将身体背向车座，双腿并拢，手背抚裙，臀部先坐下；再将双腿并拢抬高，平移至车厢内；最后，调整身体位置，坐端正后，关上车门。

下车时，先打开车门，双膝并拢，抬腿平移到车外；再保持膝盖并拢姿势，双脚同时着地，上半身移出车外；最后，起身挺直身体，转身关车门。

真正的礼仪并不是表面工作，“诚于中而行于外，慧于心而秀于言”，只有具有内在的真诚和智慧，才会让言行举止优雅大方，才会赋予女性真正的魅力。这份魅力将形成你自己的气场，发送特有的频率，吸引那些志同道合的人，共享生活的美好。

优雅的女人应如水般纯净、清澈，拥有圆融的智慧和广阔的心胸，用独特的方式活出自己的精彩。我们都不完美，但我们会朝着美好的方向一直前行。

薛立芹魅力心语

（1）社交礼仪并不要求遵守复杂烦琐的礼节和处理错综复杂的关

系，而是探讨在与人相处中如何呈现自己的美好，如何吸引更多同频率的人。

（2）礼仪其实是一种能量，通过外在的形式传递内心的思想和感受。社交场合就是一个大舞台，只有经过了表情、情商、着装、举止、语言、心态等全方位的修炼，才可以在社交舞台上大放异彩，通过礼仪让自身魅力尽情绽放。

（3）真正的礼仪并不是表面工作，“诚于中而行于外，慧于心而秀于言”，只有具有内在的真诚和智慧，才会让言行举止优雅大方，才会赋予女性真正的魅力。这份魅力将形成你自己的气场，发送特有的频率，吸引那些志同道合的人，共享生活的美好。

（4）优雅的女人应如水般纯净、清澈，拥有圆融的智慧和广阔的心胸，用独特的方式活出自己的精彩。我们都不完美，但我们会朝着美好的方向一直前行。

魅力修炼第19天：社交达人

第一步：尝试做主动问候的人。

在与对方目光相遇时，微笑着说“您好”。你会发现，送出去的热情阳光最后都会反射到自己身上。因为每个人都是一个能量体，而心才是开关，当你微笑问候的时候，不仅按动了自己的心，也触动了对方的心，收获的是满满的正能量。

第二步：练习“三明治沟通法”。

好的内容需要通过好的方式表达出来才不会“事与愿违”。向别人表达建议时先肯定，再建议，最后表达鼓励。柔和的语言是一种智慧，而这正是女人独有的魅力。一个有魅力的女人如水一般，小可以润物无声，大能够托起船舶。

第三步：练习得体的上下车姿势。

优雅是一个范畴，包含的内容非常广泛，每个人都应找到适合自己的练习切入点。正如纪亚飞老师所说的："优雅的仪态和气质都不是天生的，而是'天天生的'，刚开始需要'装'，逐渐就成真的了。"由"假"到"真"、由"表"及"里"，是需要过程的，而这个过程就是人生的自我修炼，能让生命越来越美好！

自我修炼计划表

魅力修炼：社交达人	完成情况	修炼感悟
每天用阳光般的问候为自己充电，让生命保鲜		
练习"三明治沟通法"，通过语言艺术感受生活智慧		
将上下车姿势作为一个优雅练习切入点，体验优雅女人"由表及里"的修炼过程		
给今天的自己一句正能量的话：		

20 玩转宴会礼仪

初春的北京，乍暖还寒。楼前空地上两个老妇人拉着手在大风中聊天。我知道其中一个老妇人住在对面一楼，有时我会看到她站在自家小院里伸伸胳膊、抻抻腿。她们聊得十分火热，表情里透着欣喜和愉悦。

一个老妇人的头发已被吹得如一蓬衰草，凌乱而稀少地耷拉在头上，她没戴帽子、身上随意披着外衣，可能只是出来扔垃圾；另一个老妇人应该是刚买菜回来，一只手还拿着一袋子蔬菜，看起来分量不轻，有时风拂过面颊留下一片飞絮，她就把提着菜的手抬起，用小臂蹭蹭脸。

两个老妇人的手一直握着，就好像拽着一只幸福的气球，唯恐稍一松开就飞走了。空气里定是夹裹着灰尘，她们时不时地蹙蹙鼻子，看上去很滑稽。

十几分钟过去了，两个老妇人仍没有离开的意思。我的鼻子一酸，大为感动。

城市已经习惯了冷漠、戒备和孤独，我们不再相信谁，也不轻易结交谁，每一个叩门的人都会被询问，每一个陌生的造访者都要被怀疑来历不明。所以，邻里之间不相识是普遍现象，从未串过门是再正常不过的事情。只有在装修的时候，可能才有“串门”的机会，毕竟只有施工队伍对谁来参观是无所谓的。仔细想想，我就是在装修期间去楼上楼下的房子里参观过。

我下楼时，两个老妇人竟然还在拉着手聊天，长时间保持一个姿势，不知她们的双手是否痉挛。她们竟如此珍惜这难得的不期而遇，对她们来说，彼此串门可能是不妥的，贸然领人回家做客，家人一定是会责怪的，来历不明、有所企图是最好的拒绝理由。所以，她们就在风中诉说，十指相扣。

我们都在抱怨城市的冰冷和淡漠，可是你有想过改变吗？

不如适当地组织宴会，让生活热络起来吧！这一次，我想让宴会回归它本来的模样，而不是那样高高在上地存在着。

|心态|

有人说，每天接送孩子、做饭、收拾屋子，已经让我忙得蓬头垢面。

有人说，作为一个职业女性，还要照顾家庭，我已经分身乏术。

有人说，孩子太小，组织宴会实在担心孩子添乱出丑。

有人说，我没什么拿得出手的看家菜肴，怎么组织啊！

有人说，我家太小，没法儿招待客人……

好了，暂停。

以上所有，我都感同身受，也特别理解。不过我想说，生活在于创造。不是所有乐趣和美好都自己站在那里，你愿意伸手就能拿到手里的。

我是一个 9 岁男孩的母亲，我有非常繁忙的工作，但我仍努力地过自己想要的精彩生活。我曾说过一句话，我的很多学员都很喜欢："我很爱我的孩子和家人，但我们仍要认真过好自己的生活，各自精彩。"

其实，只要做好时间管理，家庭和工作并不会占用你的全部时间。有时，一次聚会带来的愉悦和舒畅，可以给你带来更充沛的能量。至于是否有拿得出手的菜肴，已经完全不是问题，且不说超市有越来越多样的半成品可供选择，以我的经验，照着网上的菜谱做一道家常菜真不是问题，你甚至可以邀请大家一起做菜，创造这样的机会，让更多人觉得生活中有非常多的乐趣，何乐而不为？

我曾经为一个银行进行员工培训，我向客户经理们提了一个问题："你们每天最发愁的事情是什么？"一位女士说："每天不知道吃什么。"听到这句话，我的心忍不住"咯噔"一下。因为我听到的不是一句话，而是一种万念俱灰的沮丧心态。吃东西是最容易做到的一件事情，如果连想吃某种食物的欲望都没有，那么生活还有什么乐趣呢？

想要收获一份长久的爱情，想要获得一个较大的订单，这些都不容易。相比较而言，期待吃某样东西是最简单的。如果连这都不想要，还会对生活有激情吗？

是时候组织一些宴会，给自己的生活换换颜色！这，是一种积极的生活心态。想一想，你可以通过宴会认识更多的朋友，了解更多有趣的事情，让生活充实而有滋味。难道这不值得期待吗？

| 邀请 |

（1）邀请的时机。

邀请要尽早发出，这代表着诚意和尊重。临时被通知，只会让人觉得自己是“凑数”的，这种感觉非常糟糕。

宴会越隆重，发出邀请的时间就要越早。私人宴会至少需要提前1周发出邀请。早些发出邀请，才能方便对方安排时间，更容易接受邀请，不过最多只能提前2周发出邀请，因为过早的预约容易被人忘记。如果是商务宴会，则需要提前2~3周发出邀请。

（2）邀请的方式。

①电话。

现在的人已经越来越懒得打电话，微信语音成了最简单的沟通方式，但微信或其他不能及时交流的语音工具都不是合适的邀请方式，因为可能无法获得对方及时的回应，甚至没有办法了解对方最近的安排。在邀约时，关注对方的行程或时间安排，是善解人意的做法。

打电话是一个较为有诚意的邀请方式。打电话邀请时，可以这样说：“我打算本周六在家里组织一次火锅宴，因为有朋友从新疆带来了极好的羊肉，我想邀请你来参加，好吗？”

②电子请柬。

请柬可以与时俱进，尝试自己做电子版，使用“易企秀”“小影”“美拍”等APP添加精彩的图片。请柬可以是一页，也可以是多页，还可以配上音乐，让尚未举办的宴会从请柬开始就趣味盎然。

③正式请柬。

如果举办的是有主题的晚宴，最好使用正式的请柬。事实上，让我们的生活有仪式感，是尊重自己和他人的最好表现。

正式请柬可以自己来设计，也可以购买漂亮的请柬来手写。当然，为重要的人手写请柬更显诚意，人数较多时直接打印也是没有问题的。

正式请柬标准格式

纪亚飞女士（主人姓名）
非常荣幸邀请您（邀请辞）
光临“红酒品鉴晚宴”（类别）
邀请品尝（目的）
“雷霆酒庄”的特别红酒（主题）
时间为12月15日，星期三（时间）
19:30~21:30
佰庭路8号（地点）

请赐复：电话66668888（回复事项）

如果你收到这样的正式请柬且上面有回复电话，那么可以致电或用短信完成回复，打电话会显得比较重视，短信回复则便于主人统计人数。不过，仍不可以用微信语音等方式进行回复。

能够准时参加的请柬回复格式

李静 非常高兴接受 纪亚飞女士 的热情邀请 将准时参加 12 月 15 日，星期三 19:30 举办的晚宴

有事不能参加的请柬回复格式

李静 很遗憾，无法接受 纪亚飞女士 的热情邀请 那时出差在外地 无法参加 12 月 15 日，星期三 19:30 举办的晚宴

电话、电子请柬、正式请柬三种邀请方式适合现在的生活节奏和生活方式。在请柬的设计上可以有一些新意和创意，当然，体现邀请的隆重和对对方的尊重是进行创新的必要前提。

| 准备 |

完美组织一场宴会是优雅女人的必修课。无论宴会的规模大小、方式如何，进行一次详尽的规划都是非常必要的。宴会是呈现个人魅力的高光时刻，如果反复出现纰漏，那么即使食物准备得再丰盛，效果也可能不尽如人意。

做一个有条理、有计划的人，可以从筹备、规划一次宴会开始。

宴会准备规划表

红酒晚宴 日期：12 月 15 日，星期三　时间：19:30~21:30　人数：10 人	
主题	**内容**
客人名单	刘星、徐佳琪、方芳、杨子墨、朱丽玲、许静、王金娜、雷佳佳、赵静
邀请	制电子请柬已于 12 月 1 日发送，并全部收到回复
准备	音乐（《红鼻子驯鹿》《一次就好》《夜夜夜空》，钢琴曲等） 装饰（桌布、烛台、鲜花） 礼物（每人一份牛轧糖礼盒）
菜单	第一道菜：蔬菜沙拉 第二道菜：香煎鳕鱼 第三道菜：三杯鸡 第四道菜：广式肠粉 红酒：雷霆酒庄特酿红酒 饮料：鲜榨橙汁 热饮：咖啡、红茶

续 表

主题	内容
预算	1 万元
物资列表	桌布（1 张） 鲜花（1 盆） 烛台及蜡烛（1 套） 餐巾（10 块） 餐具（10 套） 酒杯、饮料杯、热饮杯（各 10 个） 礼物（10 份） 红酒（8 瓶） 饮料（橙子 20 个） 榨汁机、咖啡机、烧水壶（各 1 个） 咖啡豆（1 包） 红茶（1 盒） 蔬菜：紫甘蓝、生菜、西蓝花、胡萝卜，确保足够做 10 人份沙拉 鳕鱼：10 块 鸡肉：6 个鸡腿、3 斤鸡胸肉 调料：蒜、葱、姜片等 橄榄油（1 瓶） 肠衣（提前预定 10 人份）
协助人员	邀请来帮助的人员可以是嘉宾中的某人

| 宴会 |

做了许多精心的准备，就是希望宴会成就一个美丽的回忆。现在，开始享受宴会吧！

（1）迎接。

即便是家庭宴会，也要在迎接的时候适当穿着隆重，穿着家居服是不能待客的。不必过分华丽，但与宴会相得益彰还是非常必要的。

音乐可以符合宴会的主题氛围，有时魅力和情调就是靠音乐营造的。

当然，你需要提前布置好餐桌，让宾客们都发出惊呼的秘诀其实就是精巧的小心思、小创意。

（2）座次。

①中餐座次。

排序原则：面门为上，以远为上，居中为上，居右为上，临台为上，开阔为上。

面门居中位置为主位，主位就是背后有墙，能看到门口的位置。可以主左宾右坐两侧，也可以主宾双方交叉而坐。越近首席，位次越高，同等距离则右高左低。一般而言，中国人注重关系圆满，因此夫妻应紧挨着坐。

②西餐座次。

排序原则：

女士为尊，餐桌主位为女主人。

主宾为尊，主宾分别在男女主人的身旁。

以右为尊，主人的右手边座位高于左手边。

以近为尊，距离主人近的座位高于远处座位。

需要注意的是，女士与男士应交叉落座 。

（3）交谈。

宴会上的交谈不能涉及政治、宗教、隐私，最好选择一些具有共鸣的话题，能够让在座的人都参与进来。众欢同乐是举办宴会的目的，最好不要变成小群体抱团，窃窃私语是非常失礼的行为。

作为主人，有必要提前准备几个可供讨论的话题，避免冷场和尴尬。宴会进行过程中，遵循咀嚼时不讲话的原则即可，其余时间谈话是符合中国习惯和宴会目的的，可以增加了解、增进感情。不过，聊天时需要控制音量，声音过大会显得不礼貌。

（4）道别。

好的道别能够发挥宴会的“末轮效应”。作为主人，不要仓促地结束和中断宴会，一定要计算和控制好上菜的时间，并且组织好用餐的节奏。按照中国人的习惯，应在餐后闲聊半个小时，再陆续离开。

作为主人要准备好宴会时间表，确保每一位来宾都感觉节奏适宜、心情放松。让来宾有意犹未尽之感的关键是最后时刻的不敷衍。道别时，你的微笑和真诚话语将为宴会画上完美的句号。

对现在的你来说，举办宴会是不是一种挑战呢？

越来越多的女性朋友在我的建议下，开始尝试组织姐妹宴会或职场宴会。不要被“宴会”两个字吓到，它不需要多么高大上，组织简单的家庭自助餐或大家一起包饺子的聚会都是非常可取的。办一次宴会，作为主人的收获是巨大的，这也是将生活过得精致优雅的有效方式。

有时，我们觉得岁月无情，倒不是脸上的皱纹多么可怕，而是已经没有了激情和热情。让自己活得优雅和从容，并非一句口号，而是需要一些踏踏实实的行动。无论年方几何，都值得精彩，就从不敷衍自己的生活做起吧！

纪亚飞魅力心语

（1）我很爱我的孩子和家人，但我们仍要认真过好自己的生活，各自精彩。

（2）通过宴会认识更多的朋友，了解更多有趣的事情，让生活充实而有滋味。难道这不值得期待吗？

（3）完美组织一场宴会是优雅女人的必修课。无论宴会的规模大小、方式如何，进行一次详尽的规划都是非常必要的。

（4）有时，我们觉得岁月无情，倒不是脸上的皱纹多么可怕，而是已经没有了激情和热情。让自己活得优雅和从容，并非一句口号，而是需要一些踏踏实实的行动。无论年方几何，都值得精彩，就从不敷衍自己的生活做起吧！

魅力修炼第20天：宴会达人

第一步：做宴会计划表。

很多时候，我们都是茫然地开始、慌乱地结束。从今天起，做一个有计划的人，哪怕只是从邀请一位朋友开始，练习做任务计划。

宴会计划表

红酒晚宴 日期： 星期 时间： 人数：	
主题	**内容**
客人名单	
邀请	
准备	
菜单	
预算	
物资列表	
协助人员	

不但举办宴会可以使用计划表，每日安排也可以使用计划表完成，不仅能使时间、进度可控，人也会变得做事更有条理。别小看计划表，它往往能使事情的进展和一天的心情都发生改变。

第二步：制作请柬。

制作请柬是一件有趣的事情，充满了设计的乐趣。如果你是电子产品使用达人，可以使用各种软件来制作电子请柬，有时你会发现，制作请柬的乐趣似乎超越了宴会本身。如果你善于绘画和书法，这将是一个充满实践乐趣的时刻，你可以将各种新奇的想法落实在你的正式请柬上。当你认真且充满期待地制作请柬时，你会发现自己变得非常积极乐观。

请柬标准格式

主人姓名 邀请辞 类别 目的 主题 时间 地点 回复事项

第三步：做一道新菜品。

认真做菜是热爱生活的一种表现，哪怕只是做一道沙拉，也可以从中得到乐趣。

你可以试做下面这道菜谱，非常爽口，又口味奇妙。

蔬菜沙拉食谱

材料：西蓝花、胡萝卜、白花菜、紫甘蓝、黄瓜、球状生菜、洋葱、西红柿、胡椒、盐、橄榄油。

做法：

（1）制作沙拉酱：将洋葱、西红柿切碎，放在一个保鲜盒里，加少许橄榄油、盐和胡椒，腌制1个小时。

（2）准备蔬菜：将西蓝花、白花菜切成朵状，用水煮熟，捞出后过冷水降温。将胡萝卜、黄瓜、紫甘蓝、球状生菜切片，与西蓝花、白花菜一起搅拌。

（3）制作沙拉：在即将开饭前，将调料和蔬菜均匀搅拌就可以了。

如果你没有做菜经验，不仅可以从网络上学习各种实用做菜教程，还可以向身边擅长做菜的亲友取经。现在就来试做一道新菜品吧！

自我修炼计划表

魅力修炼：宴会达人	完成情况	修炼感悟
做宴会计划表		
制作电子请柬或手绘请柬		
做一道新菜品		
给今天的自己一句正能量的话：		

21 品味下午茶礼仪

因为工作关系，我时常去往各地出差。有一次，我约上异地友人偷闲，聊起了各自的城市和生活点滴。对我的出生、成长所在地——上海，我不吝赞美，可友人只淡淡地问我一句："这样的快节奏，不会太累吗？这就是你的生活态度？"那一刻，我确实被问进了心底。

飞快的节奏，不间断的喧嚣，霓虹交错，人潮汹涌，车来车往……这些似乎从我记事起就渗进我的生活中，早已将我驯化成一个被工作牵制生活的忙碌者。

友人所在的海滨城市有着花香鸟鸣的静逸清晨，没有挤破头也上不去的公共交通工具，没有高峰期堵成停车场的高架与马路。

"待到暮霭时分，日落西头，云霞如绸，挂满苍穹。踩着细沙，任温柔的海浪跃过脚背……"友人的话语让我的脑海里浮现了一幅美不胜收的画卷。

我忽然回神，想起在上海这样一个快到始终不曾停歇的城市里，我也曾寻找到片刻的安宁，那就是在享用我所钟爱的下午茶的时候。

与友人相聚后的某一个中午，我循着记忆中的路，躲过人群喧闹，终于在那个几乎很少有人注意的角落里找到了险些遗失的美好。绽放粉嫩色泽的蔷薇同数道藤蔓交错着依偎在门廊窗沿，两盏明黄的壁灯相伴无言，整洁的围栏上种满了模样清丽的小花。耳边的声音几乎在这一切映入眼帘的瞬间被风吹散在身后。

推开店门那一刻，迎接我的正是久违的宁静与安逸。所有人都心照不宣，相对而坐，轻声细语，谈笑风生。我想，这就是我遗落在内心深处并不奢侈的渴求：一份安静，一缕暖阳，倚在柔软的沙发内，握着精致的杯盏，喝一口现煮的暖茶，听老唱片里夹杂着丝丝沙哑声音的旧歌，与世隔绝。

曾几何时，那些上海名门闺秀经常身着美丽精致的旗袍，配以得体的妆容，在慵懒的午后与三两好友相视而坐，谈笑说话。暖阳中，闪亮如新的餐具精致小巧，杯上华美却不烦琐的印花在被保养得无比白皙细腻的双手中显得那样相得益彰。华服巧饰，美食美器，茶香氤氲，佳人如画。

|情系下午茶|

英式下午茶最早起源于19世纪初期。那时的人们一天吃两顿饭，早饭和晚饭的间距很长（晚饭一般在8点钟）。据说，贝德福德第七公爵夫人安娜一到下午晚些时候就饿了，总是悄悄地在自己的闺房里喝一壶茶、吃一些小点心。后来，她邀请闺蜜们到她的避暑庄园里一起享用茶和点心，然后漫步在乡间，这种聚会很受欢迎。回伦敦后，安娜仍保留着这种聚会模式，时常请朋友们到家里喝茶、吃点心。再后来，名媛贵妇们开始学着组织这种聚会，而且形式越来越正式、奢华，从贵妇们的闺房移到了会客厅。下午茶聚会为重要的社交提供了场所，在英国皇室与贵族中盛行起来。只单看茶包名字，即可体会浓烈的贵族色彩：格雷公爵、阿萨姆公主……后因受皇室礼仪熏陶，下午茶的礼仪开始变得种类、规矩繁多。

在英剧《唐顿庄园》中，精致的场景将 20 世纪初期英国贵族的生活状态淋漓尽致地展现在荧屏上，剧中无处不在的精致下午茶更是贵族气息的闪亮点缀。英国有句俚语“This is not my cup of tea（这不是我的那杯茶）”，意思是“我对此没有兴趣”。用茶比喻自己的喜好，英国人对茶的狂热程度可见一斑。

下午茶不仅是英国贵族们的特权，普通大众也都钟爱下午茶。19世纪工业革命时期，英国蓝领工人们曾将晚餐提前到傍晚五六点，为的是节省开支，将下午茶与晚饭一起解决。不过，精致的小点心到底不能同正餐相提并论，一天的疲累终究要被饥饿出卖，故而他们加入了三明治、馅饼、肉类、土豆、面包、奶酪、蔬菜等足够饱腹的食物，还搭配了相当浓郁的红茶，才得以从萎靡的状态中解放出来。在英剧《唐顿庄园》里，除了有贵族喝茶的场景，还有众多女仆与男仆在午后休闲时光里一起喝茶、吃点心的场景，令人看着好不愉快。

| 下午茶要素 |

（1）茶具。

我钟爱英式下午茶，那弥漫着清雅氛围的下午茶环境使我非常沉醉，与三两闺蜜促膝谈心，更是多了不少乐趣和情调。

其实，我偏爱在家中邀请朋友喝下午茶，不但经济实惠，还体现了我作为一个上海女人独一无二的品位。为此，我特意将心仪已久的英国名牌“Wedge Wood”下午茶茶盘全套收入。用上海话来说就是“腔调要足”，毕竟英式下午茶最看重茶具与器皿的品质，惬意与精致都不能少。

在英式下午茶中，精致的上等茶具非常重要。据说在缺乏阳光的英国，银质茶具代表了人们对阳光的渴望。除了白底描花瓷器和银器，品下午茶的茶具多用陶瓷做成，上面绘有精美的英国植物图案，无比精美。

一般来说，一套完整的茶具包括：茶杯、碟子、茶壶、茶匙、茶刀、滤匙、滤匙托、广口瓶、饼干夹、放茶渣的碗、三层点心架、点心盘、砂糖壶、茶巾、保温面罩、茶叶罐、糖罐、果酱罐、奶盅、热水壶、刀叉、托盘。如果主人非常讲究，还可以在托盘中铺上一层蕾丝托盘垫。

需要注意的是，茶具必须配套组合，配上色调和谐的桌布，蕾丝布是下午茶必不可少的美丽细节。

标准英式茶具	作用
茶壶	倒茶
滤匙和滤匙托	过滤茶渣
茶匙	搅茶
茶杯和碟子	喝茶
奶盅	做奶茶
糖罐和果酱罐	配料
三层架	放点心
七寸点心盘	放点心
一副刀叉	吃点心

（2）茶。

伯爵红茶（Earl Grey）：一种加了佛手柑精油的红茶，带着柑橘香，配甜点一级棒。

印度阿萨姆红茶和斯里兰卡红茶（Assam/Ceylon Tea）：从中国带过去的茶树种。

英式早餐茶（English Breakfast）：普通英式红茶，一般以印度红茶、锡兰红茶为原料。

花茶草：洋甘菊茶（Chamomile），薄荷茶（ Peppermint），有些

地方会有绿茶、白茶等。

TEA SELECTION	选择一种茶
Ritz Roal English	Ritz 皇家英国茶（大多数首次喝的人选这个）
Darjeeling First Flush	大吉岭第一冲茶（中国茶）
Assam Tippy Orthodox	阿萨姆茶（印度茶）
Ceylon Orange Pekoe	锡兰红茶（斯里兰卡茶）
Oolong Formosa	台湾乌龙茶
Earl Grey	格雷伯爵茶
Rose Congou	玫瑰功夫茶
Lapsang Souchong	正山小种
Russian Caravan	俄国商队茶（俄罗斯红茶）
Jasmine wih Flowers	眉茶
Mint Infusion	薄荷茶
Rooibos Red Tea	南非红茶
Passion Fruit and Orange	百香果和橙
Camomile Flowers	甘菊花茶

（3）点心。

传统的英式下午茶需用三层点心架盛装，最下层放三明治、手工饼干等咸味食物，中间层放传统英式点心司康饼，最上层放蛋糕、水果塔等甜点。

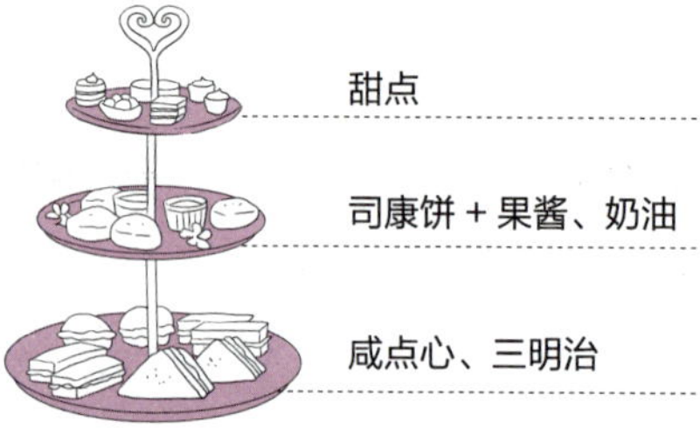

SANDWICH SELECTION		三明治
第一层	Ham with Grain Mustard Mayonnaise on White Bread	白面包夹火腿谷物与芥末蛋黄酱
	Cheddar Cheese and Chuntney on Tomato Bread	番茄面包夹切达奶酪与酸辣酱
	Cucumber with Dill Cream Cheese on Caraway Bread	香菜面包夹黄瓜与莳萝奶油奶酪
	Chicken Breast with Parsley Mayonnaise on Malt Bread	麦芽面包夹鸡胸肉与蛋黄酱
	Scottish Smoked Salmon with Lemon Butter and Black Pepper on Rye Bread	黑麦面包夹苏格兰烟熏三文鱼配柠檬酱和黑胡椒
	Egg Mayonnaise with Water cress on Granary Bread	谷物面包夹蛋黄酱与西洋菜
SCONES AND PASTRIES		**烤饼和糕点**
第二层	Freshly Baked Raisin and Plain Scones with Cornish Clotted Cream and Strawberry Preserve	新鲜出炉的葡萄干司康饼配冻奶油草莓酱
第三层	Assortment of British Tea, Pastries and Cakes	当季的甜点和蛋糕

无论点心如何变化，英式松饼、果酱和手工饼干都是必不可少的。传统的英式下午茶菜单上必有黄瓜三明治、熏三文鱼三明治、司康饼配果酱与奶油这三样。其中，黄瓜三明治是英式贵族的代表茶点。

（4）着装。

在维多利亚时代喝下午茶，上流社会的男士会身着燕尾服、戴高帽，女士则会着点缀花边的长礼服，将腰束紧，并戴手套和帽子。

如今，正规的下午茶场合也要求穿着正式，男士着正装，女士一般着连衣裙、套裙，戴圆顶宽沿帽。

在英国，穿着牛仔裤或运动服去喝下午茶是绝无可能的，饭店会提供服装，只有换上一套正式的装束，才能享受正式的下午茶。

（5）环境。

相对于“Afternoon tea”舒适的饮茶环境而言，“High tea”是需要在餐桌边用茶的，而且坐的椅子是不那么舒服的高背椅子。其实，真正上流社会的英式下午茶是“Low Tea”，通常在下午 4 点左右开始，而且一定要坐在很舒适的沙发里，茶几上放着精致的点心，有时还会放一杯香槟，被称为“皇家茶”（Royal Tea）。

如今，英国下午茶更趋于生活化和不拘小节，只为享受片刻的惬意宁静。更有甚者，日复一日只在同一处安坐，饮一杯茶，望着窗外同一处景，

却日日都能看出不同的细微差别。同人同景却不同心境，执着执意却是同样浪漫。

（6）标准礼节。

①上茶后：等待3~6分钟后再开始享用，这时你和朋友们刚好进入聊天时间。

②喝茶时：将身体调整到标准坐姿，双手将一组茶具端起。右手举杯喝茶，拇指和食指抓住杯把，中指轻轻倚靠，小指自然呈45度角，切记不可翘起来。左手端着茶杯托盘。

茶匙是用来搅拌糖、奶与茶充分混合的，切忌放入口中。从杯子的5点钟位置放入茶匙，轻轻前后搅动（在12点钟和6点钟方向之间），不要在杯子里画圆转圈，更不要碰到茶杯弄得叮当响，然后从5点钟位置把茶匙拿出，轻轻放在茶托中，不要把茶弄得到处都是。

喝茶时，一般由女主人来斟茶。如果在外面喝茶，则由离茶壶最近的人负责斟茶。

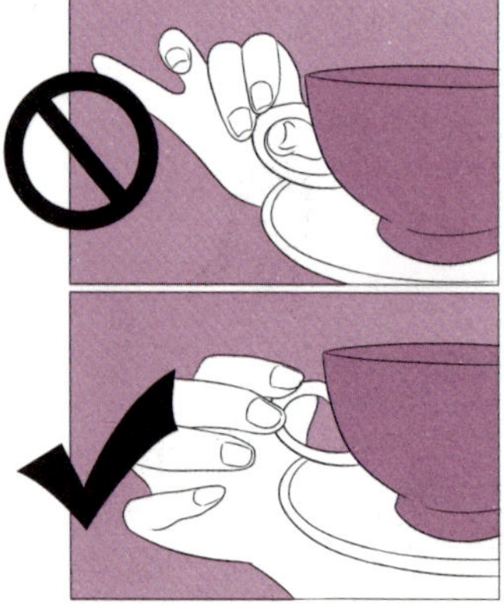

喝茶应小口，不可发出声音。一般喝英式下午茶，只能用现场冲泡的茶叶，救急时才可以选择伯爵、锡兰、阿萨姆等茶包。茶始终是下午茶的绝对主角，但来一杯鸡尾酒或香槟也是不错的选择，但千万不要点太烈的酒如长岛冰茶，在下午喝烈酒显得你像个酒鬼。

喝茶时，可以根据自己的喜好

放柠檬和糖，但千万不要同时放柠檬和奶，因为会产生沉淀物。先放冷牛奶再放热茶会让两者混合出更好的奶味，也可避免骨瓷炸裂。如果喜欢先放热茶再放冷牛奶，那就应该先温杯，先品尝茶原本的滋味，再根据自己喜欢的口味加牛奶。

③品尝点心：将糕点放于专用点心盘后方可食用，点心盘的周边应放上蕾丝布。用点心的顺序是由下往上、由大到小，即先吃最下层的咸点心，再吃中间层的司康饼（从中间分成两半，涂抹上喜欢的果酱或奶油），最后吃最上层的甜点心。小点心或者迷你三明治，都可以用手来吃，吃之前应用刀叉分成小块，大份的糕点则应直接用刀叉吃。注意不要将点心放在茶里蘸泡了吃，也不要舔手指上粘到的果酱。

④聊天：在喝茶和吃点心时，切忌讲话。咽下嘴里的食物或放下茶杯后，再拿出美丽的心情，绽放笑容，开始聊天。

⑤餐巾布：将餐巾布铺在大腿上，边吃边擦手和嘴。如果中途离

席，要把餐巾布搭在椅背上或者放在座位上，切忌放在桌面上。

我之所以钟爱下午茶，不仅因为茶好喝、点心好吃，更多的是因为它代表了一种精致、优雅的生活态度，让我学着在心中为自己备上一壶茶，享尽生活的香甜。午后若得闲暇，一定要泡一杯红茶，约上闺蜜相坐而聊，相信你会有不一样的生活感悟。

张晶魅力心语

（1）下午茶的美味与茶、点心并无太大的关系，关键是你与谁一起喝。在喧嚣的城市，让自己慢下来，带着一份优雅感受生活的美好。

（2）下午茶是一种精致、优雅的生活态度，让人学着在心中为自己备上一壶茶，享尽生活的香甜。

魅力修炼第21天：优雅下午茶

第一步：选择合适的下午茶场所。

第二步：邀请亲朋好友共享下午茶。

第三步：尝试一种新的甜品。

第四步：与下午茶自拍。

自我修炼计划表

魅力修炼：优雅下午茶	完成情况	修炼感悟
选择下午茶场所		
邀请亲朋好友共享下午茶		
尝试一种新的甜品		
与下午茶自拍		
给今天的自己一句正能量的话：